天然物化学

農学博士 菅原二三男 【編著】

農学博士 浅見　忠男
博士(農学) 葛山　智久
博士(農学) 倉持　幸司 【共著】
博士(農学) 新家　一男
博士(農学) 永田　晋治

コロナ社

執筆者一覧

菅原二三男（東京理科大学名誉教授）
浅見　忠男（東京大学）
葛山　智久（東京大学）
倉持　幸司（東京理科大学）
新家　一男（産業技術総合研究所）
永田　晋治（東京大学）

（2018年11月現在）

まえがき

　有機化学は，自然界に存在しない化学繊維や染料をはじめとする多くの物質をつくり出し（＝化学合成），私達の生活の質の改善・向上におおいに役立っている。その一方で，天然物化学は，自然界に存在する低分子化合物から高分子化合物までの，多様な化合物を標的として研究されてきた。中でも生物に強い活性を示す化合物は，生理活性物質として研究者の興味の中心となり，よりよい医薬，農薬，香料などを目指して新しい化学構造（＝新規な天然物の探索）や，構造の改変（＝分子設計，構造活性相関）などの研究開発が進められてきた。増え続ける世界の人々に対する食料を確保するための安全・安心な農薬，劣悪な環境下で発生する感染症や伝染病に有効な薬剤の研究・開発が，積極的に続けられている。

　平成 28（2016）年の日本人の死亡原因は，悪性新生物（がん）（1 位，28.5 ％），心疾患（2 位，15.1 ％），肺炎（3 位，9.1 ％），脳血管疾患（4 位，8.4 ％），老衰（5 位，7.1 ％）となっており，このことが抗がん剤開発などが精力的に進められている理由である。発酵医薬（低分子）は，生産菌の探索，医薬開発候補化合物の探索，合成法の開発，活性と毒性など，多くの評価（安全と効果）を経て上市されるため，長い開発期間（平均 17 年）が要求される。一方，オプジーボ（2018 年ノーベル生理学・医学賞）などの抗体医薬（高分子）は，遺伝子組換え技術などのバイオ技術を使って製造され，開発期間が数年と短い。そのため今世紀になり，世界規模の製薬企業の多くは発酵医薬品の開発を終了し，抗体医薬品に開発の焦点を絞っている。このような状況下にもかかわらず，低分子医薬品の重要性は明らかである。

　新種の放線菌 *Streptomyces avermitilis* の培養液から得られた天然物を改変したイベルメクチンは，寄生虫による風土病の治療薬としてアフリカなどで無償供与され，世界で年間 3 億人を失明から救っている（2015 年ノーベル生理学・医学賞）。海綿（クロイソカイメン）から単離された，ハリコンドリン B の大環状ケトン合成アナログ（構造類縁体）エリブリンは，日本では「手術不能ま

たは再発乳がん」に対する治療薬として認可されている。単剤で延命効果が示された初めての例である。

　20世紀後半から革新的な進歩を遂げた分子生物学や細胞生物学の研究手法や情報は，天然物化学の分野にも大きな影響をもたらしている。現在の天然物化学の研究論文には生合成遺伝子の同定・解析結果が記述されることも稀ではなく，化学構造の新規性の議論とともに生合成に関わる遺伝子構造と機能がしばしば議論される。また，多くの生物のゲノム解析が進む中，生理活性天然物の受容体研究も頻繁に行われている。その結果，生理活性天然物が受容体を介して機能を発現する機構は，ヒト性ホルモンに代表されるような，「生理活性物質と受容体の結合＝機能の発現」という簡単な様式ではないということがわかってきている。生化学が酵素や核酸，糖，脂質などを物質レベルで取扱い，そこに物理学が加わり分子生物学となった。その生化学や分子生物学に化学的な手法を取り入れ，未解明の生命機能の解析に挑戦し，新たな現象とメカニズムの発見に大きく貢献している研究が，ケミカルバイオロジー（化学生物学）として注目される新しい分野である。核酸やタンパク質などの生体高分子と特異的に作用する化合物（生理活性物質）を利用し，生体機能に関わる分子の振る舞いを理解しようとする学問である。

　本書は学部学生を対象にして企画されているが，バイオテクノロジー教科書シリーズ17『天然物化学』（瀬戸治男　東京大学名誉教授）コロナ社（2006年）に触発された内容と構成になっている。よく知られた天然物の構造や活性などは紹介程度に留め，生合成遺伝子と経路による化合物の分類を試みた。本書では，新しい天然物と生合成遺伝子の解析法についても若干の記載を加えた。受容体に関する最新の知見を記載するとともに，新しい分野でもあるケミカルバイオロジーは特に重要なため，大学院生も十分に興味をもつことのできるよう配慮した。

　本書の出版に当たり，真摯なご助言を下さった中嶋正敏先生（東京大学）と，企画段階からお世話になったコロナ社に，執筆者一同を代表して感謝するものです。

2018年11月

執筆者代表　菅原　二三男

目　　　次

1. 天然物化学の技術

1.1　生物と天然物化学 ··· *1*
　＜Coffee Break＞ "ケミカルバイオロジー" ······································ *2*
1.2　単離と構造決定 ··· *3*
　1.2.1　抽　　　出 ··· *3*
　1.2.2　精　　　製 ··· *5*
　1.2.3　構　造　決　定 ··· *6*
　1.2.4　立体化学の決定 ··· *9*
1.3　有　機　合　成 ··· *13*
　1.3.1　天然物の構造決定 ··· *13*
　1.3.2　天然物の絶対立体配置の決定 ··· *14*
　1.3.3　生合成経路の傍証 ··· *15*
　＜Coffee Break＞ "受容体を決める有機合成の技術" ························· *16*
1.4　一次代謝産物と二次代謝産物を定義する ·· *18*
　1.4.1　一次代謝産物 ·· *18*
　1.4.2　二次代謝産物 ·· *19*
　＜Coffee Break＞ "細菌の生合成遺伝子と天然物（D型とL型）" ········ *20*
1.5　天然物のスクリーニング ·· *21*
　1.5.1　天然物スクリーニングの歴史 ··· *21*
　1.5.2　天然物スクリーニングにおけるアッセイ系 ······························· *25*
　＜Coffee Break＞ "次世代スクリーニング" ·· *26*
1.6　生合成から天然物を見る ·· *28*
　1.6.1　天然物化学と生合成研究 ·· *28*

1.6.2 生合成遺伝子の同定 ……………………………………………… 31
1.6.3 生合成経路の決定 ………………………………………………… 31
＜Coffee Break＞ "天然物化学とノーベル生理学・医学賞" ……… 34
章末問題 …………………………………………………………………………… 36

2. 生合成経路と天然物

2.1 ポリケチド ………………………………………………………………… 38
  2.1.1 ポリケチド生合成機構と出発単位 ……………………………… 38
  2.1.2 III型ポリケチド生合成機構 ……………………………………… 42
  2.1.3 II型ポリケチド生合成機構 ……………………………………… 45
  2.1.4 I型ポリケチド生合成機構 ………………………………………… 47
  2.1.5 非リボソーム型ペプチド合成機構 ……………………………… 50
  2.1.6 リボソーム翻訳系翻訳後修飾ペプチド合成機構 ……………… 52
  ＜Coffee Break＞ "遺伝子組換えと新しい化合物" ………………… 52
2.2 テルペノイド ……………………………………………………………… 54
  2.2.1 テルペノイドと出発物質 ………………………………………… 54
  2.2.2 メバロン酸経路 …………………………………………………… 59
  2.2.3 MEP経路 …………………………………………………………… 61
  2.2.4 テルペノイド生合成機構 ………………………………………… 64
  ＜Coffee Break＞ "メバロン酸経路とMEP経路の分布" ………… 67
2.3 トリテルペンとステロイド ……………………………………………… 69
  2.3.1 スクアレンからの環化反応 ……………………………………… 70
  2.3.2 2,3-オキシドスクアレンからの環化反応 ……………………… 71
2.4 テトラテルペン（カロテノイド） ……………………………………… 74
2.5 シキミ酸経路 ……………………………………………………………… 76
  2.5.1 シキミ酸経路 ……………………………………………………… 76
  2.5.2 p-アミノ安息香酸 ………………………………………………… 78
  2.5.3 フェニルアラニンからの生合成 ………………………………… 78
  2.5.4 ユビキノンの生合成 ……………………………………………… 79
  2.5.5 リグナンとネオリグナンの生合成 ……………………………… 79

目次 v

- 2.5.6 シキミ酸類似経路（メタ C_7N 経路） 82
- 2.6 フラボノイド 82
  - 2.6.1 フラボノイドの生合成 83
  - 2.6.2 花の色とフラボノイド 84
  - 2.6.3 フラボン 86
  - 2.6.4 オーレウシジン，オーロン 88
  - 2.6.5 イソフラボン類 88
  - ＜Coffee Break＞ "Japanese Unlock Mysteries of Plant Color" 89
- 2.7 香料と芳香化合物 90
  - 2.7.1 バニリン：芳香族アルデヒド類 91
  - 2.7.2 イソチオシアン酸アリル：イソチオシアネート類 91
  - 2.7.3 サリチル酸メチル：エステル類 91
  - 2.7.4 リナロール，ゲラニオール，ネロール：アルコール類 92
  - 2.7.5 メントール：モノテルペンアルコール類 93
  - 2.7.6 樟脳（カンファー）：モノテルペンケトン類 93
  - 2.7.7 ムスク（麝香）：ケトン類 93
- 章末問題 94

3. 情報を伝達する物質

- 3.1 植物ホルモン 96
  - 3.1.1 オーキシン 99
  - 3.1.2 サイトカイニン 99
  - 3.1.3 エチレン 101
  - 3.1.4 ジベレリン 102
  - 3.1.5 アブシシン酸 103
  - 3.1.6 ストリゴラクトン 104
  - 3.1.7 ブラシノステロイド 106
  - 3.1.8 ジャスモン酸 107
  - 3.1.9 サリチル酸 109
  - ＜Coffee Break＞ "ブラシナゾール" 110
- 3.2 昆虫のホルモンとフェロモン 111

- 3.2.1 昆虫のホルモン ……………………………………………………………… 111
- 3.2.2 昆虫の脱皮変態のクラシカルスキーム ……………………………… 112
- 3.2.3 ペプチド性ホルモンの性質と生合成 ………………………………… 113
- 3.2.4 脂溶性ホルモン ………………………………………………………… 115
- 3.2.5 幼若ホルモンの生合成 ………………………………………………… 116
- 3.2.6 エクジソンの生合成 …………………………………………………… 117
- 3.2.7 ホルモンの受容体 ……………………………………………………… 120
- 3.2.8 昆虫のホルモンの利用 ………………………………………………… 122
- 3.2.9 昆虫のフェロモン ……………………………………………………… 123
- 3.2.10 フェロモン受容体および結合タンパク質 …………………………… 126
- 3.2.11 昆虫のフェロモンの農薬利用 ………………………………………… 127

章 末 問 題 ……………………………………………………………………………… 128

4. 生物活性を有する微生物代謝産物と海洋天然物

4.1 抗生物質,医療用抗生物質 …………………………………………………… 129
- 4.1.1 抗生物質の発見 ………………………………………………………… 130
- 4.1.2 抗生物質の選択性 ……………………………………………………… 131
- 4.1.3 β-ラクタム系抗生物質 ………………………………………………… 132
- 4.1.4 アミノグリコシド(アミノサイクリトール)系抗生物質 ………… 132
- 4.1.5 ポリケチド系抗生物質 ………………………………………………… 134
- 4.1.6 その他の抗生物質 ……………………………………………………… 136

4.2 抗がん抗生物質 ………………………………………………………………… 139
4.3 農業用抗生物質 ………………………………………………………………… 142
4.4 その他の薬理学的活性を有する微生物産物 ………………………………… 143
4.5 生理活性海洋天然物 …………………………………………………………… 145
- ＜ Coffee Break ＞ "エンジイン系化合物" ……………………………………… 146
- ＜ Coffee Break ＞ "ハリコンドリン B とエリブリン" ……………………… 148

章 末 問 題 ……………………………………………………………………………… 149

5. 受容体と結合タンパク質の決定法

- 5.1 抗生物質の作用機構 ·· 150
  - 5.1.1 細胞壁合成阻害 ·· 150
  - 5.1.2 細胞膜機能阻害 ·· 153
  - 5.1.3 タンパク質合成阻害 ·· 155
  - 5.1.4 核酸合成阻害 ·· 157
  - 5.1.5 葉酸合成阻害 ·· 158
- 5.2 抗がん剤の作用と受容体 ·· 158
  - 5.2.1 核酸に作用する天然物 ·· 159
  - 5.2.2 トポイソメラーゼ阻害剤 ·· 161
  - 5.2.3 微小管作用薬 ·· 163
- 5.3 植物ホルモン受容体 ·· 165
  - 5.3.1 オーキシン，ジャスモン酸，ジベレリン，ストリゴラクトン受容体 ······ 166
  - 5.3.2 サイトカイニン受容体 ·· 167
  - 5.3.3 アブシシン酸受容体 ··· 168
  - 5.3.4 エチレン受容体 ·· 169
  - 5.3.5 ブラシノステロイド受容体 ··· 170
  - 5.3.6 サリチル酸受容体 ··· 171
  - ＜Coffee Break＞ "植物ホルモン受容体の応用例" ······························· 173
- 章末問題 ·· 174

6. 天然物スクリーニングと天然化合物ケミカルバイオロジー

- 6.1 表現型スクリーニングの最前線 ·· 175
- 6.2 タンパク質相互作用解析法とタンパク質相互作用スクリーニング ······ 178
  - 6.2.1 共免疫沈降法 ·· 179
  - 6.2.2 プルダウンアッセイ法 ·· 180
  - 6.2.3 ツーハイブリッド法 ··· 180
  - 6.2.4 タンパク質補完法 ··· 181

6.2.5　Alphaテクノロジー法 ………………………………………… 182
　　6.2.6　Fluoppi　　法 ………………………………………………… 183
6.3　ケミカルバイオロジーと化合物標的同定 ………………………… 184
6.4　さまざまなケミカルバイオロジー研究 …………………………… 190
章　末　問　題 ……………………………………………………………… 192
　＜Coffee Break＞ "世界の趨勢とわが国の現状" ……………………… 193

引用・参考文献 ……………………………………………………………… 194
索　　　引 …………………………………………………………………… 207

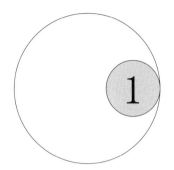

1 天然物化学の技術

1.1 生物と天然物化学

代謝物質（metabolite）は，代謝の過程の中間生産物および最終生成物であり，通常は分子量 500 程度までの小分子である。**一次代謝物**は，生物の成長，進化，生殖に直接関わるものをいう。**二次代謝産物**は，これらの過程には直接関わらないが，重要な機能をもつ天然物である。このような天然物は，食品，香料，医薬，毒，染料などとして古来より利用されてきた。

天然物化学[†]は，天然物を扱う有機化学の一分野で，おもに天然物の単離，構造決定，合成を扱ってきたが，現代では生合成遺伝子解析が行われるとともに，ケミカルバイオロジー（次頁の〈Coffee Break〉および 6 章を参照）の進歩によって，従来の理解とはまったく異なる新たな発見がされるようになってきた。

1） **天然物の単離**　有用な作用をもつ生物体から作用物質を単離する。蒸留，再結晶，酸や塩基を用いた溶媒分画，クロマトグラフィーによる分画を使用し，単一化合物となるまで繰り返す。

2） **天然物の構造決定**　目的とする作用物質を単離し，つぎに構造決定を行う。元素分析，分解反応，機器分析が行われる。高分解能質量分析法で分子式を決定，赤外分光法や核磁気共鳴（NMR）分光法によりどの

[†] おもに生理活性物質を扱う場合には「生理活性天然物化学」，生理活性をもたない化合物も含めて扱う場合には「天然物化学」と使い分けることもある。

ような官能基や部分構造をもつかを決定する。特に二次元 NMR では，炭素骨格の決定に有用な情報が得られる。単結晶は X 線構造解析で，その化学構造を決定する。

3) **天然物の合成**　　上記の構造はあくまで推定であるため，実際に合成を行って構造を確認する，あるいは必要に応じて訂正する。

4) **生合成遺伝子の決定**　　現代では，多くの生物のゲノム解析（DNA 配列の網羅的解析）が終了しており，天然物の生合成に関与する遺伝子の特定が比較的容易にできるようになった。

5) **ケミカルバイオロジー**　　有機化学と分子生物学の両方の技術と知識

＜**Coffee Break**＞ "ケミカルバイオロジー"

生命現象を分子レベルで理解しようとする，現在最も注目される学際的な研究分野である。シュライバー（Stuart L. Schreiber）ハーバード大学教授らは，**図 1** の免疫抑制剤タクロリムス（tacrolimus，FK506）の化学合成を達成すると同時に，FK506 をカラムに担持して結合タンパク質 FKBP を単離し，X 線結晶構造解析によって結合様式を解析することに成功した（**図 2**）。天然物やその誘導体が生物学研究におけるプローブとして機能することを証明した[1]†。

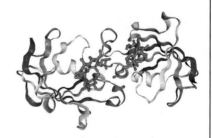

図 1　タクロリムス（FK506）　　**図 2**　FKBP-FK506 複合体の結晶構造（1FKF[注]）

注）　RCSB（Research Collaoratory for Structural Bioinformatics）が公開しているタンパク質構造データベースにおけるアクセッション番号

---

†　肩付き番号は巻末の引用・参考文献番号を示す。

を使い，生体内分子の機能を解明する学問領域である．小分子から生体高分子まで幅広い分子を対象とし，生体機能の制御や酵素反応などを解析する．ケミカルバイオロジーが実現した背景には，遺伝子とゲノムの解析法，タンパク質の分子構造の解析法（X線構造解析，電子顕微鏡，核磁気共鳴吸収法，質量分析法）および有機合成法の進歩がある．

天然物それ自体が幅広く利用されているが，天然物を原料として化学合成した物質，あるいは天然物の化学構造を模した物質も実用化されている．本書では生合成経路に主眼を置くことによって，多彩な構造をもつ天然物のより合理的な理解へと読者を導くことを目標とする．

1.2 単離と構造決定

天然物は，植物や微生物などの生物材料から溶媒によって抽出され，クロマトグラフィーなどにより純粋な化合物に精製される．これらの一連の過程を単離と呼ぶ．そして，単離した天然物の構造は，核磁気共鳴（NMR）分光法などの各種機器分析により決定される．本項では，これら単離や構造決定の手法を概説する．

1.2.1 抽　　出

抽出とは，微生物の培養液や植物などに溶媒を加え，生物材料中の成分を溶媒へ移行させる操作である．例えば，植物材料（植物の乾燥粉末など）に溶媒を加えると，その溶媒に親和性が高い成分を溶媒へと移行できる．そして，その懸濁液をろ過すれば，抽出された成分を含む溶液と不溶物とを分けることができる．

抽出によく利用される有機溶媒としては，メタノール，エタノール，アセトン，1-ブタノール，酢酸エチル，ジエチルエーテル，クロロホルム，トルエン，ヘキサンなどが挙げられる．溶媒の極性を比較する際のパラメーターとして，比誘電率εが使われる（**表1.1**）．一般的に比誘電率εが高い溶媒ほど，極性

表1.1 おもな溶媒の比誘電率[2]

溶　媒	比誘電率 ε	溶　媒	比誘電率 ε
水	78.3	酢酸エチル	6.0
メタノール	32.7	ジエチルエーテル	4.3
エタノール	24.6	クロロホルム	4.9
アセトン	20.7	トルエン	2.4
1-ブタノール	17.5	ヘキサン	1.9

は高くなる。アミノ酸や糖などの高極性化合物は，水やメタノールなどの高極性溶媒に溶けやすい。一方，テルペン，ステロイド，脂肪酸などの低極性化合物は，ヘキサンやトルエンなどの低極性溶媒に溶けやすい。

　抽出の方法は，浸漬抽出法，超音波抽出法，ソックスレー抽出法，高速溶媒抽出法などがある。浸漬抽出法は，原材料を溶媒に浸漬し，加熱や撹拌などをしながら，抽出する方法である。超音波抽出法は，加熱や撹拌の代わりに超音波を利用した浸漬抽出法である。ソックスレー抽出法は，還流を使用して固体試料から目的成分を抽出する方法である（図1.1）。高速溶媒抽出法は，高温，高圧下で固体中の成分を溶媒により迅速に抽出する。

　このようにして得られた抽出液の溶媒を，エバポレーターや凍結乾燥機などを用いて除去すれば，粗抽出物が得られる。

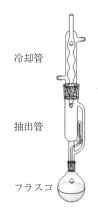

冷却管　
抽出管　
フラスコ　

① 固体試料を専用ろ紙に入れ，抽出管にセットする。
② フラスコに溶媒を入れて加熱する。
③ 蒸発した溶媒は冷却管で冷やされ液体に戻る。
④ 液体となった溶媒が抽出管内の固体試料に滴り落ち，目的成分を抽出する。
⑤ 抽出した成分はフラスコ内に移動する。
⑥ このサイクルを繰り返すことで，目的成分をフラスコ内に移行させる。

図1.1　ソックスレー抽出法

1.2.2 精　　製

　抽出によって得られた粗抽出物には複数の成分が含まれる。精製は，複数の成分を単一成分になるまで分離する操作である。以前は蒸留（液体成分の場合），結晶化や再結晶（固体成分の場合），酸や塩基を用いた溶媒分画などが用いられていたが，現在ではクロマトグラフィーによる精製が主流となってきている。一般にクロマトグラフィーでは，カラム中の充填剤（固定相）に粗抽出物を流し，移動相の組成を変化させるなどして，フラクションに分画する。そして分画されたフラクションの活性の有無を調べ，目的の活性を有する天然物がどのフラクションに含まれているかを確認する。そのフラクションが混合物である場合，同一原理のクロマトグラフィーを繰り返したり，原理の異なるクロマトグラフィーを組み合わせたりするなどして，単一成分となるまで繰り返す。クロマトグラフィーは，分離の原理により主として吸着，分配，サイズ排除，イオン交換に分類される。

〔1〕**吸着クロマトグラフィー**　　充填剤（固定相）と試料との吸着力の差に基づくクロマトグラフィーである。充填剤としてはシリカゲルやアルミナなどが用いられる。例えば，固定相にシリカゲルを用いた場合には，シリカゲルの表面に存在するシラノール基が試料の極性官能基と水素結合などの相互作用を介して吸着する。そして移動相の溶媒が試料/シリカゲル間に働く相互作用と競合することで，試料をシリカゲルから解離させる。したがって，シリカゲルは低極性の化合物から溶出する。このような分離モードのクロマトグラフィーを順相吸着クロマトグラフィーという。移動相としては，低極性成分を分離する場合にはヘキサン－酢酸エチルが，高極性成分を分離する場合にはクロロホルム－メタノールの混合溶媒がよく用いられる。

〔2〕**分配クロマトグラフィー**　　固定相と移動相の間の分配に基づいたクロマトグラフィーである。固定相としては，アルキル基が化学結合したシリカゲルが多用されている。中でも，炭素数が18であるODS（オクタデシルシリル基が修飾されたシリカゲル）がよく用いられている。移動相としては，メタノール－水や，アセトニトリル－水などの混合溶媒が用いられる。このような

逆相分配クロマトグラフィーでは一般に高極性成分から溶出される。

〔3〕 **サイズ排除クロマトグラフィー**　分子の大きさの違いに基づいたクロマトグラフィーである。このクロマトグラフィーの充填剤には多孔質性のゲルが用いられる。ゲルには細孔が数多く存在するため，分子量が小さい分子は細孔の奥まで浸透しながらゆっくり流れ，分子量が大きい分子は細孔外に排除される。そのため，分子量の大きい分子から順に溶出される。移動相が有機溶媒の場合をゲル浸透クロマトグラフィー（GPC：gel permeation chromatography），移動相が水溶液の場合をゲルろ過クロマトグラフィー（GFC：gel filtration chromatography）と呼ぶ。

〔4〕 **イオン交換クロマトグラフィー**　イオン結合を利用してイオン性化合物の分離を行うクロマトグラフィーである。固定相には正もしくは負の電荷をもつイオン交換体が用いられる。陽イオン化合物の分離には，負の電荷をもつ陽イオン交換体（スルホン酸イオンやカルボン酸イオンなどが修飾された樹脂）が用いられる。陰イオン性化合物の分離には，逆に正の電荷をもつ陰イオン交換体（アンモニウムイオンなどが修飾された樹脂）が用いられる。移動相には，一般に陽イオンと陰イオンとからなる塩を含む水溶液が使用される。移動相中のイオンが，イオン交換体に吸着したイオン化合物と交換することで，化合物が溶出される。

1.2.3　構 造 決 定

単離した天然物の構造は，各種分光分析，質量分析，元素分析などで得られた情報を総合して解析することで決定される。本節では天然物の構造決定で利用される分析手法に関して解説する。

〔1〕 **核磁気共鳴（NMR）分光法**

a）一次元 NMR　核磁気共鳴（NMR：nuclear magnetic resonance）は，外部磁場に置かれた原子核が固有の周波数の電磁波と相互作用する現象である。核磁気共鳴分光法は有機化合物の同定に幅広く用いられている。有機化合物の構造決定で測定される NMR は ^{1}H NMR や ^{13}C NMR である。

^{1}H NMR では，シグナルのケミカルシフトからプロトンの環境（電子密度），積分値からプロトンの数，シグナルの多重度から隣接するプロトンの情報など，分子の構造に関する情報を得ることができる。一般に電子密度が低い環境に存在するプロトンのケミカルシフトは大きくなる（低磁場シフト）。一方，^{13}C NMR では分子の炭素骨格に関する情報を得ることができる。^{1}H NMR と同様に電子密度が低い環境に存在する ^{13}C のケミカルシフトは大きくなる。典型的なケミカルシフトの値を**図 1.2** にまとめる。

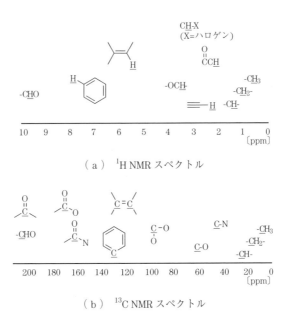

図 1.2 ^{1}H NMR と ^{13}C NMR の典型的なケミカルシフトの値

b）二次元 NMR　プロトンどうしの関係や，プロトンと炭素の関係をより深く理解するために二次元の NMR を解析する。有機化合物の同定でよく測定される二次元 NMR とその特徴を**表 1.2** にまとめる。

〔**2**〕**赤外（IR）分光法**　分子が吸収する赤外線（波数 ν：400 ～ 4 000 cm^{-1}）を観察する。分子が赤外線を吸収することで振動（伸縮，変角など）が引き起こされる。IR スペクトルを解析することで，特定の官能基の有無を判断する

表 1.2 二次元 NMR の特徴

二次元 NMR	取得できる構造情報
^{1}H–^{1}H COSY	カップリングする水素どうしがクロスピークとして観察される。
HMQC	直接結合する水素と炭素がクロスピークとして観察される。
HMBC	2 もしくは 3 結合離れた水素と炭素の相関がクロスピークとして観察される。

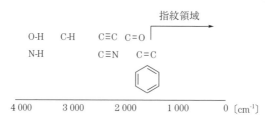

図 1.3 典型的な IR スペクトルの伸縮振動に由来する波数領域

事ができる（**図 1.3**）。

〔3〕**紫外可視（UV-Vis）分光法**　紫外線（200 ～ 380 nm）や可視光線（380 ～ 780 nm）の吸収を測定し，共役二重結合，不飽和カルボニル基，芳香環などの共役系構造の有無を判別する。化合物が紫外線や可視光線を吸収すると，分子内の電子が基底状態から励起状態へと遷移する。紫外可視分光法では，分子内の電子遷移に由来する吸光を測定する。

〔4〕**質量分析**　分子をイオン化し，イオンの質量と電荷数の比（質量電荷比）（m/z）を測定することによってイオンや分子の質量を測定する方法である。イオン化の方法により，電子イオン化法（EI 法），化学イオン化法（CI 法），高速原子衝突法（FAB 法），エレクトロスプレーイオン化法（ESI 法）などに分類される。また，イオンを分離する方法で，磁場セクター型（magnetic sector），四重極型（quadrupole），飛行時間型（TOF：time-of-flight），フーリエ変換イオンサイクロトロン共鳴型（FT-ICR：Fourier-transform ion cyclotron resonance）などに分類される。

〔5〕**元素分析**　分子を構成する元素の種類と構成比率を決定する手法であり，天然物の組成式を明らかにすることができる。試料を高温かつ酸素中

で完全燃焼させ，発生した CO_2，H_2O，N_2，SO_2 ガスを測定することにより，炭素，水素，窒素，硫黄の組成を明らかにする。

〔6〕 **X線構造解析**　天然物が単結晶で得られた場合，X線結晶構造解析が構造を決定する上で有効な手法となる。試料にX線を照射すると，X線は原子の周りにある電子によって散乱，干渉されて回折する。X線結晶構造解析では，そのX線回折パターンを解析することによって電子の三次元的な分布を明らかにし，その電子雲の形状から，原子の位置やそれらの結合，ひいては分子の構造がわかる。

X線結晶構造解析では，試料の構造をあたかも実際に目で観察したように決定できるが，微量で貴重な試料から良質な単結晶を作製する必要がある。しかしながら，近年，結晶化をすることなく構造を解析できる「結晶スポンジ法」という手法が開発されている[3]。結晶スポンジ法は，MOF（metal-oraganic framework）が自己組織化により生成した細孔性錯体結晶に試料を閉じ込め，これをX線結晶解析することで試料の構造を明らかにする。この手法は，極微量（ナノグラムからマイクログラム）の試料でも測定が可能であり，さらには，従来は結晶構造解析の対象とはならない非結晶性試料でも解析が可能である。

1.2.4　立体化学の決定

〔1〕 **相対立体配置の決定**　化合物の相対立体配置は，^{1}H NMR の結合定数（J 値）や核オーバーハウザー効果（NOE）の測定で決定できる[4]。

a）^{1}H NMR の結合定数に基づく決定法　^{1}H NMR の結合定数（J 値）は，隣り合うプロトン間の二面角（ϕ）に依存する。結合定数と二面角の関係式は，カープラス式として知られている[5]。$\phi=90°$ のときに極小値となり，0° と 180° で極大値になる。

$$\text{カープラス式}：J(\phi) = A\cos^2\phi + B\cos\phi + C$$

（A，B および C は置換基や原子によって異なる固有値）

例えば，シクロヘキサン環の隣り合った炭素に結合する二つの水素（ジェミナル）がともにアキシアル配向（ジアキシアル配向）の場合，二面角は180°となるので，結合定数は大きい値（$J = 11 \sim 13$ Hz）となる（**表1.3**）。一方，二つの水素がアキシアル-エクアトリアル配向もしくはジエクアトリアル配向の場合には二面角は60°となるので，結合定数は比較的小さくなる（$J = 2 \sim 4$ Hz）。

表1.3 シクロヘキサン環の結合定数

	ジアキシアル配向	アキシアル-エクアトリアル配向	ジエクアトリアル配向
イス型配座	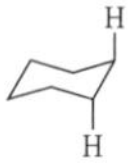	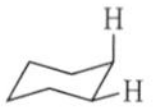	
Newman 投影式	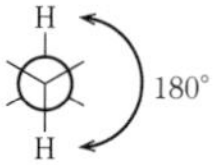 180°	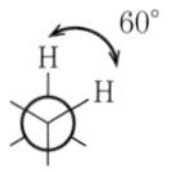 60°	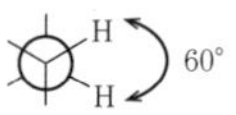 60°
典型的な結合定数 J 〔Hz〕	11 〜 13	2 〜 4	2 〜 4

b）核オーバーハウザー効果（NOE） 空間的に近い距離（おおよそ4Å以内）にある二つの核スピンの片方に特定のラジオ波を照射すると，他方の核スピンの磁気共鳴の強度に変化が生じる現象を**核オーバーハウザー効果**(NOE)という。また，NOEを二次元で測定したスペクトルをNOESYスペクトルという。**図1.4**にヒメノイック アシッド[6]のNOESY相関を巻き矢印で示している。本化合物では1,3-ジアキシアルの関係にあるプロトン間で相関が観察され，シクロヘキサンの1位と4位の相対立体配置は *trans* であることが決定された。なお，分子量が 800 〜 1500 くらいの化合物においては，NOEが観察されな

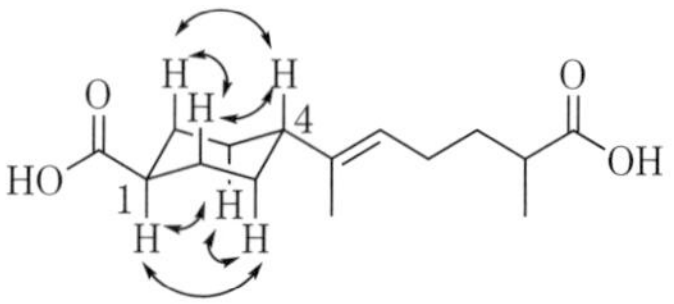

図1.4 ヒメノイック アシッドのNOESY相関[6]

いことがある。その場合には ROE（二次元では ROESY）を測定することで，相対立体配置に関する情報を取得することができる。

〔2〕 **絶対立体配置の決定**　生物は，右手と左手のように鏡写しの関係にある構造（鏡像異性体，エナンチオマー）のうち，どちらか一方のみの天然物を生産している場合が多く，単離した天然物の絶対立体配置を直接決定するのは困難である。化合物の絶対立体配置を決定する方法としては，X 線結晶解析の Bijvoet 法[7]，円二色性（CD）スペクトルもしくは赤外円二色性（VCD）スペクトルを用いた励起子キラリティー法[8),9)]などがある。また，天然物を誘導体に導き，^{1}H NMR により絶対立体配置を決定する方法として，改良 Mosher 法などが知られている。

a）Bijvoet 法　単結晶 X 線構造解析において，結晶中に含まれる重原子の異常分散を解析することで，結晶構造の絶対立体配置を決定する方法である。

b）励起子キラリティー法　励起子キラリティー法は，円二色性（CD）スペクトルもしくは赤外円二色性（VCD）スペクトルから化合物の絶対立体配置を決定する方法である。この決定法は，分子内の等価な発色団のねじれがコットン効果の符号（正負）の変化を引き起こすことに基づいている。具体的には，等価な発色団が時計回りに配置されている場合，長波長（もしくは低波数）側から正→負のコットン効果を示す。それとは逆に，等価な発色団が反時計回りに配置されている場合，長波長（もしくは低波数）側から負→正のコットン効果を示す。

ここでは，VCD 励起子キラリティー法によるバークレイアミド D の絶対立体配置の決定を説明する[10]。バークレイアミド D の相対立体配置は，NOESY によって決定された。したがって，この化合物の絶対立体配置は（5S,8R,9R）もしくは（5R,8S,9S）である。もし絶対立体配置が（5S,8R,9R）である場合（**図 1.5**（a）上図），二つのカルボニル基は時計回りにねじれている。したがって，その VCD スペクトルは低波数側から正→負のコットン効果を示す。一方，絶対立体配置が（5R,8S,9S）である場合（図（a）下図），二つのカルボニル基

12　1. 天然物化学の技術

(a) バークレイアミドDの両エナンチオマーの構造，二つのカルボニル基のねじれ関係，そのVCDスペクトルの波形

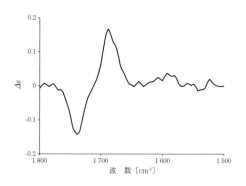

(b) 天然型バークレイアミドDの実測VCDスペクトル

図1.5 VCD励起子キラリティー法によるバークレイアミドDの絶対立体配置の決定

は反時計回りにねじれるので，VCDスペクトルは低波数側から負→正のコットン効果を示す。天然型のバークレイアミドDの実測VCDスペクトルは，低波数側から正→負のコットン効果を示した（図(b)）。したがって，天然型のバークレイアミドDの絶対立体配置は，(5S,8R,9R)と決定された。

c) 改良Mosher法　改良Mosher法は，光学活性な第二級アルコールの絶対立体配置を決定する方法である[11]。その方法はまず光学活性な第二級

ヒドロキシ基を (S)-および (R)-MTPA エステルへ誘導する．つぎに生成物のジアステレオマーのプロトンを帰属する．ジアステレオマー間のプロトンの化学シフト値の差（$\Delta\delta = \delta S - \delta R$）を算出し，$\Delta\delta$ の正負の符号と，MTPA エステルと同じ炭素に結合する水素の上下の関係を当てはめることで化合物の絶対立体配置を決定することができる（**図 1.6**）．

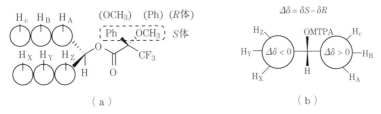

図 1.6 楠見らによって開発された改良 Mosher 法

1.3 有機合成

天然物化学における有機合成の役割としては，天然物の構造決定，絶対立体配置の決定，生合成経路の傍証，微量天然物の人工的な供給などが挙げられる．本節では，天然物の構造決定，絶対立体配置の決定，生合成経路の傍証に貢献した有機合成の例を紹介する．

1.3.1 天然物の構造決定

天然物を植物や微生物から直接単離する際，得られるサンプル量はしばしば極微量となる．その貴重なサンプルを用いて正確に構造を決定するのは至難の業である．天然物の化学合成は，天然物の構造を確定する上で重要となる．化学合成により構造が決定された代表例として，**オリザリン**（ビタミン B_1，チアミン）が挙げられる．この化合物は，1910 年に鈴木梅太郎により米糠から単離された（**図 1.7**）[12]．分解実験によりいくつかの構造が提唱されたが，最終的に化学合成を通じて構造が確定された（**図 1.8**）[13]．

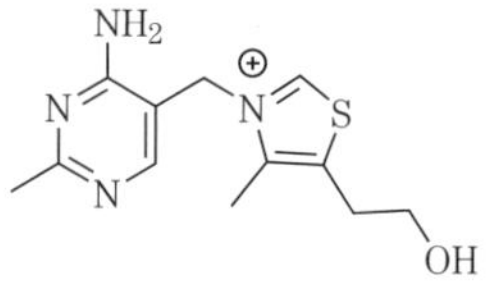

14   1. 天然物化学の技術

図 1.7 オリザリン（ビタミン B_1，チアミン）の構造

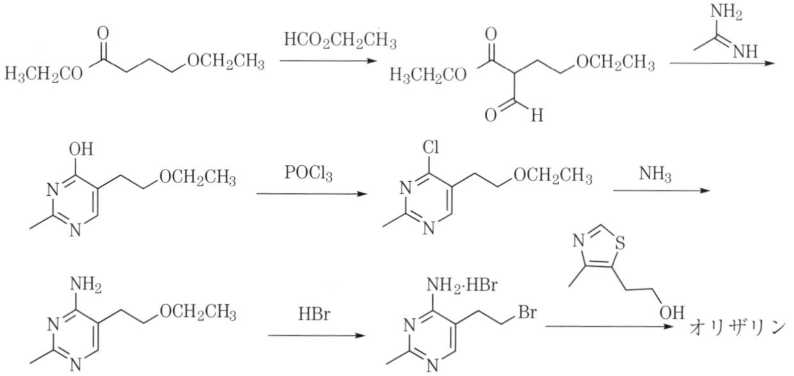

図 1.8 Williams らによるオリザリンの合成 [14]
（オリザリンの最初の合成は Andersag と Westphal により報告されている [15]）

1.3.2 天然物の絶対立体配置の決定

　天然物合成が，天然物の絶対立体配置の決定に大きく貢献する場合も多い．つまり，立体化学を厳密に制御した合成経路で天然物を化学合成し，合成品と天然物の物性（比旋光度やキラルカラムの保持時間など）を比較することで，天然物の絶対立体配置を決定することができる．

　フェロモンは通常，揮発性でかつ少量しか得られないため，天然物から絶対立体配置を決定するのは非常に難しい．(Z)-14-メチル-8-ヘキサデセン-1-オール（**図 1.9**（a））は，昆虫ホソマメムシ *Trogoderma inclusum* のメスの性フェロモンとして単離された [16]．天然物の旋光度は左旋性（旋光度の符号がマイナス）であったが，その絶対立体配置は不明であった．この化合物の絶対立体配置は，化学合成と旋光度の比較によって決定された．すなわち，(S)-2-メチル-1-ブタノールを出発原料に用いて，S 体の化合物が光学的に純粋に合成された（図（b））[17]．そして，合成した S 体の化合物の旋光度が右旋性を

1.3 有機合成   15

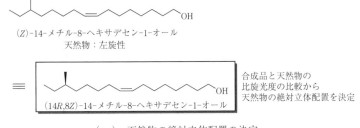

（a） 天然物の絶対立体配置の決定

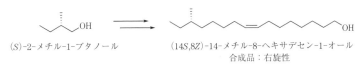

（b） 森による合成

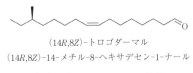

（14R,8Z）-トロゴダーマル
（14R,8Z）-14-メチル-8-ヘキサデセン-1-ナール

（c） 真のフェロモンの構造

図1.9 森による（14S,8Z）-14-メチル-8-ヘキサデセン-1-オールの合成[17]と天然物の絶対立体配置の決定

示したことから，天然物の絶対立体配置はR体であると決定された。しかし，のちの研究でこの昆虫の真のフェロモンはトロゴダーマル（図（c））だと判明している[18]。

1.3.3 生合成経路の傍証

ギムノシンBなどの海洋性ポリエーテル天然物の生合成として，エポキシド開環カスケード生合成仮説が提唱されていた（**図1.10**）[19]。ポリエーテル天然物は，ポリエポキシドが連続的に分子内開環反応を繰り返すことで，生合成されるという仮説である。しかしながら，この仮説を実験的に証明する例は少なく，仮説の域を脱しなかった。つまり，Baldwin則では5-*exo-tet* 環化は許容であるが，6-*endo-tet* 環化は不利である。そのため，有機溶媒中の反応で

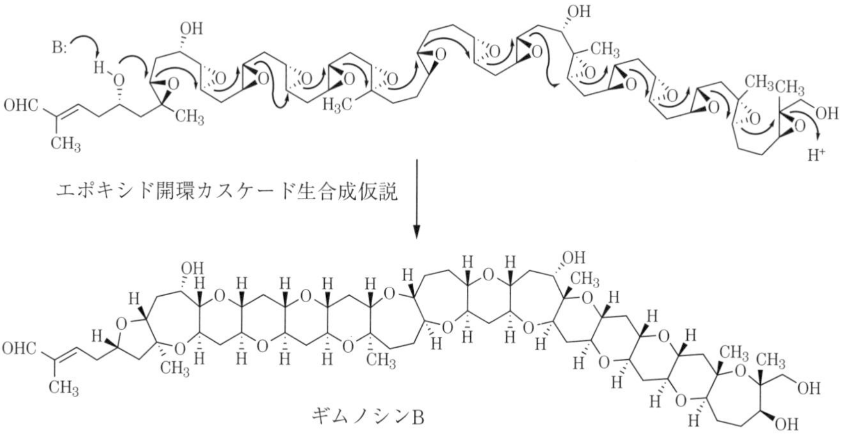

図 1.10 中西らにより提唱されたエポキシド開環カスケード生合成仮説

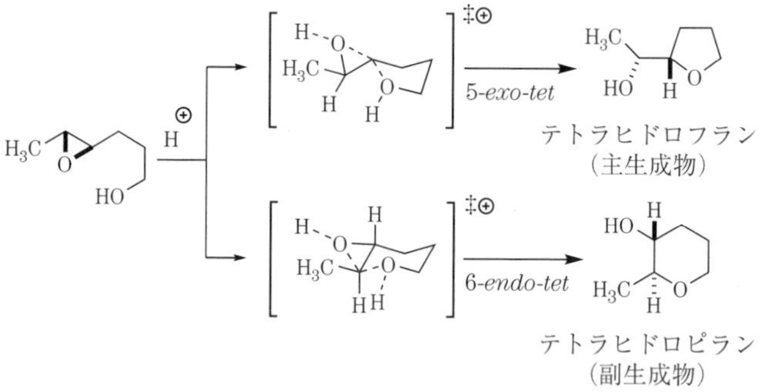

図 1.11 Baldwin 則と有機溶媒中での環化反応

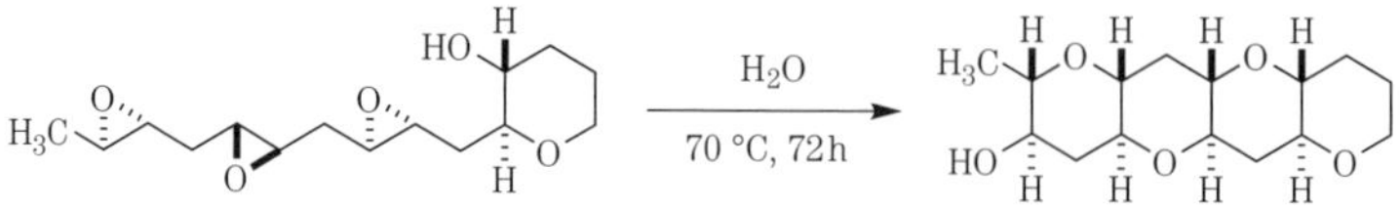

図 1.12 水中でのエポキシド開環カスケード反応

＜**Coffee Break**＞ "受容体を決める有機合成の技術"

　クリックケミストリー（click chemistry）は Karl Barry Sharpless により提唱された概念であり，単純な部分構造をもつ化合物どうしを簡便かつ高選択的に結合させる化学技術を示す [22]。クリックケミストリーを代表する反応として Huisgen 環化反応が知られている（**図**（a））[23]。この反応は銅触媒を用いたアジドとアルキンとの環化付加反応である。この反応は，医薬品の候補化合物やさまざまな機能性分子の創製に応用されているが，生物活性物質の受容体を決めるためにも利用されている。ここでは，ワサビに含まれる 6-(methylsulfinyl)hexyl isothiocyanate(6-HITC) の結合タンパク質群の同定に関する研究を紹介する（図（b））[24]。イソチオシアネート化合物は，一般にチオール化合物（例えば，タンパク質のチオール残基）をチオカルバモイル化する。この研究では 6-HITC のアルキン誘導体（Al-6-HITC）を細胞に作用させ，結合タンパク質をチオカルバモイル化した。つぎに，チオカルバモイル化されたタンパク質とアジ化ローダミンと Huisgen 環化反応を行い，結合タンパク質を蛍光標識した。そして，蛍光標識したタンパク質を，トリプシン消化後に質量分析により同定した。その結果，ヒートショックタンパク質 90β などの複数の結合タンパク質が同定された。

（a） Huisgen 環化反応

（b） 受容体探索への応用例

図 Huisgen 環化反応と受容体探索への応用例

はテトラヒドロピラン環（6員環，6-*endo-tet*環化体）の生成よりもテトラヒドロフラン環（5員環，5-*exo-tet*環化体）の生成が優先してしまう（**図1.11**）[20]。しかし，この開環反応を水中で行うと6員環形成が優先することがわかった（**図1.12**）[21]。水中という生体と同じ溶媒下で反応が進行することから，この結果はエポキシド開環カスケード生合成仮説を支持している。

1.4 一次代謝産物と二次代謝産物を定義する

　動物，植物，微生物などの生物が生産する物質は，古来より食品，香料，医薬，染料，狩猟に使う毒などに活用されてきた。このほかにも昆虫から得られる天然着色料の一つコチニール色素は，サボテンに寄生するコチニールカイガラムシの乾燥体から得られる。カイガラムシは果樹や樹木の重要害虫であるが，一方で食品や医薬品に使われている。食品添加物としての用途は広く，また化粧品では口紅，アイシャドーなどに使用される。合成着色料によるアレルギーが懸念されるため，天然着色料の需要が高まっている。コチニール色素による健康被害の報告はないが，アレルギーなどで昆虫原料を受け入れられない消費者のために，ムラサキイモのアントシアニンによる代替技術が開発されている[25,26]。

　このような色素化合物は，生物が生産する天然物を利用したものであるが，生産する生物の生命の維持などには直接的には寄与しない。

1.4.1　一次代謝産物

　一次代謝産物（primary metabolite）は，生体を維持するために必須の物質である。細胞成長，発生，生殖などに直接関与するため，多くの生物に共通の有機化合物群である。その欠乏は生物としての存在の障害となり，究極的には死に至る。アミノ酸，糖，ビタミンなどの低分子化合物と，核酸，タンパク質，糖質などの高分子化合物に分けられる。脂質には，低分子のステロールと高分子のリポタンパク質が存在する。これらの物質はほとんどの生物に共通して見

出されるものであり，生合成（一次代謝経路）もまた類似している．一部の生物では，進化の過程で代謝系の一部が欠損している例が見出されている．ヒトはアミノ酸の一部は生合成できるが（**非必須アミノ酸**（non-essential amino acid）），生合成することができないアミノ酸を外部から摂取する必要がある（**必須アミノ酸**（essential amino acid））．アミノ酸の生合成には多くの酵素が関与する長い経路が必要である．一例を**図 1.13**に示すと，α-ケトグルタル酸からグルタミン酸とグルタミンが生合成される†．さらにグルタミンはアルギニンやプロリンの生合成前駆体となる．

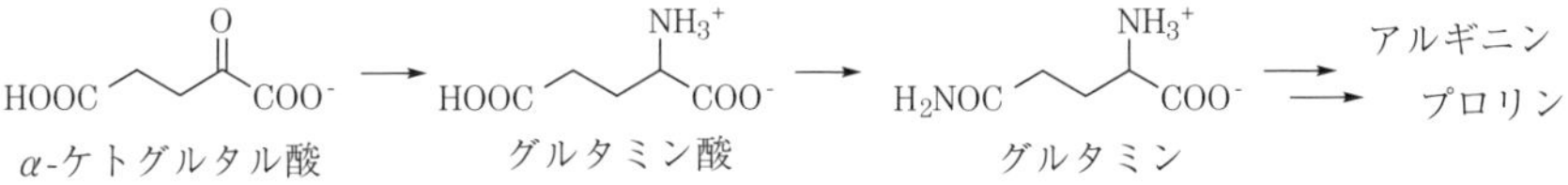

$$HOOC\!\!-\!\!\underset{\alpha\text{-ケトグルタル酸}}{\overset{O}{\diagup\!\!\diagdown}}\!\!-\!\!COO^- \longrightarrow HOOC\!\!-\!\!\underset{\text{グルタミン酸}}{\overset{NH_3^+}{\diagup\!\!\diagdown}}\!\!-\!\!COO^- \longrightarrow H_2NOC\!\!-\!\!\underset{\text{グルタミン}}{\overset{NH_3^+}{\diagup\!\!\diagdown}}\!\!-\!\!COO^- \longrightarrow \begin{array}{l}\text{アルギニン}\\ \text{プロリン}\end{array}$$

図 1.13 非必須アミノ酸の生合成経路の例

光合成色素をもつ植物，植物プランクトン，藻類などは，光エネルギーを使って空気中の二酸化炭素と水から単糖を合成する．光合成は，光エネルギーからNADPH と ATP を合成する光化学反応と，NADPH と ATP を使って CO_2 を固定・還元して炭素数 3 の化合物（グリセルアルデヒド 3-リン酸）を合成するカルビン回路に大別される．光合成の収支の反応式は下記のようになる．このとき生成する酸素は大気中に放出される．

$$6CO_2 + 12H_2O + \text{光エネルギー} \longrightarrow C_6H_{12}O_6 + 6H_2O + 6O_2$$

1.4.2 二次代謝産物

二次代謝産物（secondary metabolite）は，それ自体がない場合でも生命体の生存に必須とはされない物質である．短期的には欠乏が生物の障害となることはないが，中長期的には影響する場合がある．二次代謝産物はそれぞれの生

---

† α-ケトグルタル酸（α-KG）はアミノトランスフェラーゼによってアミノ化してグルタミン酸となり，ついでグルタミンシンターゼによってグルタミンになる．

物に固有な有機化合物群であり,植物ホルモン類は植物の開花,結実,落葉などを制御しており,その生物学的な意義が明らかにされている。また昆虫の世界では,脳ホルモンや性フェロモンを始め,生態系を制御する情報伝達物質の構造と機能が明らかにされている。

近年ゲノム解析や遺伝子の機能解析は急速に進歩したが,二次代謝産物の存在意義は依然として不明なものが多い。二次代謝産物は,一次代謝産物あるいはその類縁化合物を前駆物質として,一次代謝経路で得られたエネルギーや補

＜Coffee Break＞ "細菌の生合成遺伝子と天然物(D型とL型)"

ポリセオナミドAとBは,八丈島で採取した海洋性海綿動物,*Theonella swinhoei*から単離されたポリペプチドである[28]。修飾されたアミノ酸を含む48アミノ酸で構成されており,うちL-アミノ酸が22,D-アミノ酸が18,グリシンが8である(**図**)。ポリセオナミドの三次元構造はβヘリックス構造をとり,細胞膜を貫通する形のイオンチャネルになる[29]。当初,非リボソーム型ペプチド合成酵素(NRPS)による特異的な生合成経路が予想されたが,L-アミノ酸しか合成しないと考えられていたリボソーム由来のペプチドであり,D-アミノ酸はエピメラーゼによってL-アミノ酸から変換されたものであった[30]。天然物化学における最近の話題の一つに,植物や魚類から得られた化合物は,じつは共生微生物が生産しているのではないかという疑問がある。この海綿に共生する微生物のメタゲノム解析の結果から,この天然物は共生微生物が生合成したものであることが証明された[31]。

図 ポリセオナミド(AとBはスルホキシドの立体異性体)

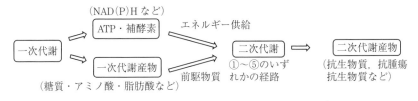

図1.14 一次代謝産物から二次代謝産物への経路[27]

酵素を利用して生合成される（**図1.14**）。二次代謝産物は，二次代謝の ① 糖質経路，② 脂肪酸およびポリケチド経路，③ アミノ酸経路，④ シキミ酸経路，⑤ メバロン酸および MEP 経路のいずれかの経路によって生合成される[27]。

放線菌の二次代謝産物に由来する医薬品は，抗生物質，抗腫瘍抗生物質，抗寄生虫薬，免疫抑制薬など，多くの治療に使用されている。*Streptomyces* 属の染色体は，真核細胞生物と同じ線状2本鎖 DNA を有し，微生物の環状染色体とは異なる。そのサイズは 6.8 〜 12.7 Mbp と原核細胞生物の中でも大きい。遺伝子数は 5 800 〜 10 000 個と，真核生物の出芽酵母（6 294 個）よりも多い[26]。抗寄生虫抗生物質エバーメクチン（1.6 節の〈Coffee Break〉"天然物化学とノーベル生理学・医学賞"参照）の生産菌 *Streptomyces avermitilis*† のゲノム解析は 2003 年に終了しており，配列情報から二次代謝産物生合成遺伝子群の同定が可能である。その情報をもとに，工業レベルでの物質生産可能な技術開発が進められている[27]。

1.5　天然物のスクリーニング

1.5.1　天然物スクリーニングの歴史

天然物化学の最たる応用研究の一つが，臨床薬開発を含めた有用生理活性物質の**スクリーニング**（screening）と考えられる。スクリーニングとは，多数

---

† *Streptomyces* 属の菌であることを *S.* で示すこともある。例えば *Streptomyces avermitilis* や *Streptomyces albus* を，それぞれ *S. avermitilis*，*S. albus* と表記することもある。

のライブラリーの中から，目的とする生理活性を有する化合物を探索することであるが，天然物スクリーニングでは，微生物培養物，植物，海洋生物などの自然資源の抽出物をライブラリーとするため，生物活性（生理活性）を示す未知の活性物質を探索することと定義できる．一方で，植物ホルモンや生薬中の成分分析および目的物質の探索は，同じ探索研究であってもスクリーニングとは異なる．

　天然物スクリーニングの対象としては，人類を含めた動物の疾患に対する治療薬をはじめとして,除草剤や植物病原菌を含めた農薬，駆虫薬などもスクリーニングの対象に含まれる．天然物は，人類の叡智を超えた構造からなり，強力な生物活性を示す化合物が多く存在する．そのため，1928年のフレミングのペニシリンの発見以来，天然物は医薬品開発の優れたリソースとして用いられてきた．中でも，微生物二次代謝産物は，多種多様な化合物を含むことから，現在においても優れたリソースとして用いられている．ペニシリンは1940年に再発見され，1942年にペニシリンGが実用化された．天然物スクリーニングの黎明期は，そのペニシリンの再発見に続く，1943年のワクスマンによるストレプトマイシン（結核に対する初めての治療薬）の発見から爆発的に続く，細菌感染症に対する抗生物質の探索である（抗生物質とは，狭義には微生物が生産する抗菌作用をもつ物質を指し，合成化合物は入らない）．種々の抗生物質の発見により，先進国では細菌感染症による死亡率が低下し，がんが死亡率の1位を占めるようになってきた．それに伴い抗がん剤のスクリーニングが盛んに行われるようになり，一時下火になったが，アンメット・メディカル・ニーズ（いまだ有効な治療法がない疾患に対する医療ニーズ）の考えの下，現在でも天然物ライブラリーを用いた抗がん剤スクリーニングが引き続き精力的に行われている．抗菌剤の開発では，感受性の高い検定菌を用いることにより，弱い活性の化合物でも探索できるようなアッセイ系が組まれていた（微生物培養抽出物や植物抽出物中の活性物質の含有量は不明なため，より高感度で抗菌活性が検出できる系が望ましいと考えられた）．抗がん剤開発においても，この考え方に則り細胞毒性物質に感受性の高いマウス由来のがん細胞（樹立細胞株,

1.5 天然物のスクリーニング

主として P388 細胞）を用いて抗がん剤の探索が行われた．しかしながら，ヒト細胞はマウス細胞と比較して遺伝子の安定性が高いなど，一般的に細胞毒性物質への抵抗性が高いため，現在，抗がん剤のスクリーニングでは，ヒト由来のがん細胞を用いるようになっている．しかしながら，最近の研究によりがん微小環境の特徴が明らかにされてくるに従い，従来用いられてきた樹立細胞株の培養環境は生体でのがん環境とは異なること，また樹立株として継代している間に大きく「がん」としての特徴が変化してしまっていることが明らかになってきた．

このように，種々の細胞生理学が解明されてくる中で，より生体に近い疾患状態を反映するモデルの開発が望まれるようになってきている．抗がん剤探索に関しては樹立細胞株ではなく，臨床分離がんをより生体に近い状態で維持できる系が開発され，より適切なモデルとして注目されている．また，化学療法以外の治療法も精力的に開発されてきた結果，抗がん剤のニーズはいまだに高いとはいえ，がんの治癒率が著しく改善されてきている．その結果として，がん以外の疾患も天然物スクリーニングの対象となってきた．いくつかの例を挙げると，最も有名なところでは，高脂血症治療薬メバロチンの開発である．メバロチンはカビが生産する天然物であり，三共株式会社が HMG-CoA 還元酵素の阻害活性を指標としたスクリーニングにより発見，開発した化合物である．現在では，第三世代のスタチン（高脂血症治療薬の総称）として，合成化合物のリピトール（アトルバスタチン）が広く用いられているが，抗体医薬にその地位を譲るまで長期にわたり世界で一番売れていた薬剤であった（2011 年の売り上げは世界で 1.3 兆円）．わが国が開発した薬剤のもう一つのブロックバスターとして，免疫抑制剤である FK506（薬品名：タクロリムス）が挙げられる．本化合物は，混合リンパ球反応（mixed lymphocyte reaction, MLR）と呼ばれる，系統の異なる二つのマウス脾臓細胞を混合培養したときに惹起されるリンパ球活性化反応を検出するスクリーニングにより発見された．本手法は，免疫抑制活性の標準手法として認知されているが，スループットも高く，免疫反応を高感度で検出可能な薬剤スクリーニング法としては，理想的なアッセイ

法である。

　天然物スクリーニングが衰退してきた原因として，ヒット取得後に目的化合物（活性本体）の単離・精製，構造同定を行わなければならず，スクリーニング終了までに多大な時間がかかることが挙げられる。そのため，ここ十数年の間，欧米で開発された，コンビナトリアルケミストリーによる化合物合成とそれらのライブラリーを用いたハイスループットスクリーニングがわが国の製薬企業にも導入され，盛んに薬剤スクリーニングが行われた。**ハイスループットスクリーニング**（high-throughput screening）では，384-ウェルプレートや1536-ウェルプレートなどを用い，数か月で数十万以上のサンプルの評価が可能な系が開発されてきている。抗菌試験や細胞毒性試験といった *in vitro* のアッセイ系であっても，384-ウェルプレートを用いるハイスループット化が図られているが，その多くは分子標的と呼ばれる酵素やタンパク質レベルでの活性を指標にしたアッセイ系が多い。このハイスループットアッセイ系の構築に貢献したのが，次世代シーケンサーを用いた大規模ゲノム解析とプロテオームなどのオミックス研究であり，これらの解析により多くの疾患の原因が解明された。また，医薬品開発の方向性も，分子標的となるタンパク質の構造と化合物構造を応用した，*in silico* スクリーニングも多く取り入れられるようになってきている。その代表例は，慢性骨髄白血病薬であるグリベック（イマチニブ）であり，がん細胞増殖に関わるキナーゼのATP結合部位に結合する化合物をもとに，ドッキングスタディーより標的キナーゼに選択性の高い構造をもつ化合物として開発された。一方で，コンビナトリアルケミストリーとハイスループットスクリーニングとの組み合わせにより，これまでにない効率で薬剤が開発されることが期待されたが，細胞レベルあるいは動物レベルでの薬効が見られないケースが多く見られ，当初の期待どおりにはいっていない。また，*in silico* スクリーニングに関しても，キナーゼ阻害剤以外の分子標的薬は見出されておらず，強力な作用を示すリード化合物が存在しないと，*in silico* による化合物改良は難しいのが現状である。そのため，臨床薬開発のための新規なscaffoldのニーズが高まっており，天然物が再注目されている。

1.5.2 天然物スクリーニングにおけるアッセイ系

これまで多くの天然物が臨床薬として開発され，また多くの創薬スクリーニングが展開され，多種多様な天然物が発見され，新奇化合物の発見は困難になってきている。したがって，従来の手法で天然物スクリーニングを実施しても，新たな薬剤の開発の成功率を高めることは期待できない。天然物ライブラリーを用いるスクリーニング系の構築は，単品化合物のみを対象とするスクリーニング系の構築と比較するとはるかに困難でハードルが高く，より巧妙なアッセイ系の構築が要求される。

スクリーニング系の構築に関しては，より簡便，迅速，安価に行える系が理想的であるが，天然物スクリーニングに関しては，微生物培養などの抽出サンプルを用いるため，単品化合物だけを対象にしたようなアッセイ系は適用できないケースも多い。一般的に薬剤開発のアッセイ系は，2種類に分類され，一つは試験管内という意味の $in\ vitro$ という言葉を使い，$in\ vitro$ アッセイ法と呼ぶ。これに対し，マウスを用いる担がんマウスモデルや植物のポット試験のような生物そのものを利用するアッセイを $in\ vivo$ アッセイ法（生体内試験）と呼ぶ（ブラインシュリンプや線虫などの個体生物を使った系でも，マルチウェルプレートなどを使うため $in\ vitro$ アッセイである）。$in\ vivo$ アッセイは時間と経費がかかるのに加え，動物愛護の上でも動物を使った評価そのものが禁止の方向に向いてきており，$in\ vitro$ で疾患を再現できるモデルの開発が切望されている。天然物スクリーニングに汎用されている，$in\ vitro$ アッセイ方法を紹介する。

抗菌試験としては，寒天平板法（寒天上での阻止円計測）やマルチウェルプレートを用いて，細胞濁度などを計測するハイスループットなアッセイ系が用いられる。細胞毒性試験では，マルチプレートを用いて MTT（3-(4,5-dimethylthiazol-2-yl)-2,5-diphenyltetrazolium bromide）や WST-8（(2-methoxy-4-nitrophenyl)-3-(4-nitrophenyl)-5-(2,4-disulfophenyl)-2H-tetrazolium, monosodium salt，商品名：Cell Counting Kit-8）などの呼吸量を測定，あるいは CellTiter-Glo のような細胞内 ATP 含量を測定するなど，呈色・発光を利用

して細胞数を換算する方法が一般的である。これらの方法は生細胞数を擬似的に定量するものであるが，死細胞数を簡易的に定量する方法として，死細胞から流出した LDH（乳酸脱水素酵素，lactate dehydrogenase）活性を測定する方法がある。また生細胞と死細胞を同時に測定する方法として，Live/Dead 細胞染色法（生細胞をカルセインで染色し，死細胞をプロピジウムイオダイドやエチジウムホモダイマーで染色）がある。この方法では，それぞれ波長の異なる蛍光物質の強度を指標に細胞の生死数を定量するが，後述するイメージアナライザーを用いることにより，洗浄操作を必要とせずに，生細胞および死細胞数を直接カウントすることも可能になってきている。

以上は，病原微生物あるいはがん細胞などの生死を指標としたスクリーニングであるが，疾患遺伝子の発現抑制や疾患改善遺伝子の発現促進など，遺伝子発現を指標としたスクリーニングも多く用いられている。遺伝子発現を簡便に検出する方法は，**レポーターアッセイ**（reporter assay）という手法を用いる。このシステムは，目的とする遺伝子のプロモーターの下流に，蛍光タンパク質やホタル発光タンパク質（ルシフェラーゼ）を繋ぎ合わせ，種々の刺激により誘導されるプロモーター活性を蛍光や発光で定量する方法である。エピジェネティクスを制御することにより，遺伝子発現を誘導あるいは停止させるヒストンデアセチラーゼ（HDAC）阻害剤は，このレポーターアッセイにより発見された化合物も多い。

―＜**Coffee Break**＞ "次世代スクリーニング"――

　現在の創薬スクリーニングでは，対象とするライブラリーサンプル数も多いため，ある一定以上のスループットの高さが求められる（384-ウェルプレートあるいは1536-ウェルプレートベース）。このようなスループットの高いスクリーニングを実施するには，アッセイ法のハイスループット化のみでなく，サンプル分注など，さまざまな効率化が要求される。最も律速となる過程は，一次スクリーニングでヒットしたサンプルに関して再現性確認を行うため，数十（数百）万以上のサンプルからの，ヒットサンプルのピッキング作業である。この問題を克服するために開発されたのが，**図1**のような非接触型（アコースティック）

1.5 天然物のスクリーニング　27

（a）全体像　　　　　　　　　　（b）分注部拡大像

図1　非接触型（アコースティック）分注機

分注機である．本機器は，衝撃波を用いて下部の元サンプルプレートから，上部のプレートへサンプルを飛ばす機器であり，衝撃波の強さに応じて分注するサンプル量を調整できるため，希釈列調製に余分なサンプルを消費しない．また，任意のウェルへサンプルを分注できるため，効率的に再現確認用プレートの調製が可能である．

次世代スクリーニングで期待されているアッセイ系が，疾患 iPS 細胞などを用い，細胞の形態や細胞内イベントを観察するハイコンテントスクリーニングである．旧来，研究者が検鏡で判定していた活性をイメージアナライザー（**図2**）では全サンプルを撮影し，研究者が設定したヒット基準に合わせてヒットサンプルを自動的に選抜する．

図2　イメージアナライザー

また，天然物ライブラリーを用いた大規模スクリーニングでは，ヒットサンプル中の活性本体化合物の同定を迅速に行う必要がある．特に，既知化合物の同定（dereplication）には効率と精度の高さが要求される．このための質量分析装置とデータベースの整備が必要である．

表現型スクリーニング（phenotypic screening）は，ターゲットベーススクリーニングと比較すると古いイメージがあるが，現在の最先端スクリーニングのトレンドは，再び表現型スクリーニングに戻って来ている．表現型スクリーニングは，検鏡により細胞形態などの変化を観察することで行うものであり，わが国が得意とするスクリーニング系であるとともに天然物スクリーニングにも多く適用されてきた．表現型スクリーニングの成否は，スクリーニング実施者の能力に大きく依存しており，卓越したノウハウを持った研究者のみが実施可能な系であった．このボトルネックを克服する技術として，細胞形態を自動撮影し，ヒットサンプルを選抜する最先端機器である**イメージアナライザー**（image analyzer）が開発されている．本機器の登場により，384-ウェルプレートを用いて細胞形態を観察することが可能になったと同時に，一度ヒット基準が設定されれば，誰もが同じ判断基準でヒットサンプルの選抜が行えるようになってきている．最新の表現型スクリーニングに関しては，単にイメージアナライザーの開発に留まらず，三次元培養法あるいは**オルガノイド**（organoid）など臨床分離サンプルを生体内と同様な状態で維持できる培養技術，あるいは疾患患者由来のiPS細胞を利用するなどの新しい細胞関連技術の進歩と相まって，より病態に近いモデルが利用可能になってきている．表現型スクリーニングは，フェノタイピックスクリーニングと呼ばれるが，ハイスループットスクリーニングに倣ってハイコンテントスクリーニングとも呼ばれている．

1.6　生合成から天然物を見る

1.6.1　天然物化学と生合成研究

　生物は，多様な化学構造をもつ化合物，いわゆる天然物をつくり出すことができる．そのような天然物は，生合成酵素と呼ばれるタンパク質による何段階もの触媒作用受けることで生合成される．このことは，天然物が生体成分，特に生体内のタンパク質と相互作用しうることを意味しており，何らかの生物活性を示すことが期待される．そのため，これまでに，微生物，植物，海洋動物

などを探索源として,さまざまなスクリーニングが盛んに行われ,多種多様な生物活性を示す天然物が発見されてきた。そして人類は,ストレプトマイシン (streptomycin) やカナマイシン (kanamycin) などの抗生物質をはじめとして,天然物をもとに医薬品などさまざまな有用物質を開発してきた。特に,1960年代,70年代は天然物化学の全盛期であった。しかし,80年代後半から微生物由来の代謝産物からのスクリーニングでは新しい化合物の発見が減少し,これまでと同じ方法論では新しい天然物を見つけることが難しくなってきている。

天然物化学における別の研究の方向性として,生合成研究がある。生合成研究は,なぜ生物は生育に必須ではない化合物,すなわち二次代謝産物をわざわざ生産するのだろうか,という疑問に答えるべく始まった研究と考えられる。微生物の生産する**抗生物質**(antibiotic)に関しては,自然界において自分の周りに存在する他の微生物に打ち勝ち栄養を独り占めするため,というある程度合理的な解答が予想できる。しかしながら,免疫抑制活性や抗がん活性といった微生物の生活環とは関係があるとは到底考えられない生物活性を示す化合物も微生物は生産する。なぜ微生物が免疫抑制剤や抗がん剤を生産するのか,その解答が本当に存在するのかどうかすらわからない。しかし一方で,その二次代謝産物があの小さい微生物の細胞の中でどのように生産されるのか,といった疑問に対しては,これまでの多くの優れた研究によって答えることが可能になってきている。このような疑問に解答を与えるための研究を生合成研究と呼んでいる。

1個の二次代謝産物を生産するための一群の生合成酵素やその関連タンパク質(例えば,生合成を制御するための制御因子や,二次代謝産物を細胞外に分泌するための排出ポンプなど)をまとめて「生合成マシナリー」と呼んでいる。その生合成マシナリーの機能を解明することで,二次代謝産物がどのように生産されるのかという問に対する解答が得られる。その解答を得る過程において,新しい生体内化学反応[32]や新しい生合成酵素[33]が発見されることがある。さらには,生合成酵素を利用した**化学酵素合成**(chemoenzymatic synthesis)によって,天然には存在しない化合物を創出することも可能になる[34]。新しい天然

物を見つけることが難しくなってきている現代において，生合成酵素を利用した新たな化合物の創製は，生合成研究を推進する原動力の一つとなっている。

二次代謝産物は，前駆体となる一次代謝産物が生合成マシナリーによるさまざまな触媒作用を受けて生合成される。これらの二次代謝産物の生合成マシナリーをコードする遺伝子は，ほぼ例外なくゲノム上にまとまって並んでいる。1.6.2項でも述べるが，このような遺伝子のまとまりを**遺伝子クラスター**（gene cluster）と呼んでいる。最近では，ゲノム配列の解読が廉価で迅速になり，遺伝子配列の網羅的な取得がますます容易になった。二次代謝産物を多く生産する放線菌（グラム陽性菌の一種）の全ゲノム配列の公開も増えてきている。これらのゲノム解析の結果，一つの放線菌は20〜30種類もの二次代謝産物の生合成に関わると推定される遺伝子クラスターをもつことがわかってきた。しかしながら，それら大部分の推定生産物は，研究室における一般的な培養条件では生産されないか生産量が少ないために検出ができていないこともわかってきている[35]。このような生産物が同定されていない生合成遺伝子クラスターは，いわば，「未利用遺伝子資源」ともいうことができる。このような未利用遺伝子資源を活用するため，培養条件の検討や，未利用遺伝子クラスターの強制発現や転写の活性化などを施すことで，新しい化合物を発見する研究も行われている[36,37]。これらの手法は**ゲノムマイニング**（genome mining）と呼ばれ，ゲノム情報から新しい化合物を効率的に探索する有効な手段の一つになっている。また，得られた遺伝子配列を手がかりにして，既知遺伝子との相同性からの生産化合物の予測も可能になってきている。AntiSMASHというウェブツールはその代表例である[38]。しかしながら，加速度的に増加する遺伝子情報に対して，データベース上には機能未知の遺伝子がまだ多数存在することから，これら機能未知遺伝子の生化学的実験による機能同定が，ゲノム時代のつぎの時代，すなわちポストゲノム時代において，ゲノム情報を活用するための重要な課題となっている。

1.6.2 生合成遺伝子の同定

 生合成研究において，生合成マシナリーを同定することが研究の最初のステップとなる。ここでは，微生物由来の二次代謝産物の生合成を担う遺伝子（生合成遺伝子という）の同定方法について概説する。

 微生物が生産する二次代謝産物の生合成遺伝子に関する重要な考え方に，その生合成遺伝子はクラスターを形成しているという点がある。複数の遺伝子がオペロンのようにまとまって並んでいる構造を「遺伝子クラスター」という。具体例は 1.6.3 項で示す。二次代謝産物の遺伝子クラスターには，生合成遺伝子のみならず，個々の生合成遺伝子の発現を調節する調節因子や二次代謝産物を細胞外へ分泌するための排出装置に加えて，抗生物質のような二次代謝産物に対する耐性機構を担う遺伝子（薬剤耐性遺伝子）も含まれていることがある。したがって，ある二次代謝産物の生合成遺伝子の一つを何らかの手段で同定できたとすると，残りの生合成遺伝子もその生合成遺伝子の周辺に遺伝子クラスターとしてまとまって存在しているため，「芋づる式」にその二次代謝産物の生合成遺伝子を取得することが可能となる。二次代謝産物の生合成遺伝子クラスターは，その二次代謝産物の構造の大きさや複雑さに依存するため，5 000 塩基対から 100 000 塩基対を超えるものまでさまざまな長さである。

 もう一つ，生合成遺伝子やそれがコードする生合成酵素を同定するために重要な考え方として，たがいにアミノ酸配列の類似度が高い酵素は，似ている生合成反応を触媒するという点がある。この考え方をもとにして生合成酵素を見つけ出す方法が，アミノ酸配列を用いた「相同性検索」という手法である。「相同性検索」のために多くのウェブサイトが公開されている。国立遺伝学研究所が運営するウェブサイトはその一例である[39]。

1.6.3 生合成経路の決定

 つぎに，取得した遺伝子クラスターが真にその二次代謝産物の生合成を担っているかを検証する必要がある。そのための有効な手段として，「異種発現」と「遺伝子破壊」という方法を利用することが多い。

32   1. 天然物化学の技術

具体例として，放線菌，*Streptomyces melanosporofaciens* MI614-43F2 株が生産するテルペノイドであるシクロオクタチンの生合成遺伝子クラスターとその生合成経路を見てみよう。テルペノイドについては，2.2 節を参照すること。

シクロオクタチンは，その構造から**ゲラニルゲラニル二リン酸**（geranylgeranyl diphosphate, GGPP）を前駆体として生合成されると推定できる。したがって，その生合成遺伝子クラスターには，テルペノイドの共通の生合成中間体である**イソペンテニル二リン酸**（isopentenyl diphosphate, IPP）と**ジメチルアリル二リン酸**（dimethylallyl diphosphate, DMAPP）から GGPP を供給する酵素，すなわち GGPP 合成酵素が関わっていると推定される（**図 1.15**）。さらに，合成された GGPP は環化とヒドロキシ化を受けて最終的にシクロオクタチンが生合成されると推測される。

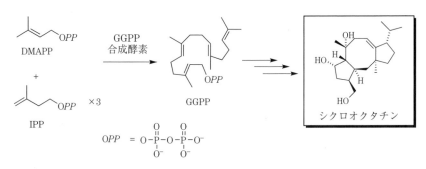

図 1.15 シクロオクタチンの推定生合成経路

そこで，シクロオクタチン生産菌である *S. melanosporofaciens* MI614-43F2 株のゲノムの全塩基配列をもとに変換した全アミノ酸配列を対象に，GGPP 合成酵素と報告されている酵素のアミノ酸配列をクエリー（query）として相同検索を行った。その結果，*cotB1* と名付けた遺伝子からつくられるタンパク質が GGPP 合成酵素と有意な相同性を示すことがわかった。有意な相同性とは，全体のアミノ酸配列にわたっておおむね 30 % 以上の相同性を指す。さらに，*cotB1* の周辺遺伝子を解析すると，*cotB1* は四つの遺伝子からなる遺

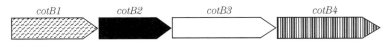

図 1.16 シクロオクタチンの生合成
遺伝子クラスターの概略図

伝子クラスターを構成していることがわかった（**図 1.16**）。

4種類の模様で区別した矢印は，個々の生合成遺伝子を表している．シクロオクタチンの生合成遺伝子クラスターは，cotB1, cotB2, cotB3, cotB4 の4つの遺伝子がまとまって構成されている．矢印の向きは，DNA の5'側から DNA の3'側へ転写される方向を表しており，矢印の長さは塩基対の長さに比例して書かれている．例えば，cotB1 遺伝子は1080塩基対であり，左側から右側へ転写された後，359個のアミノ酸から構成される生合成酵素，GGPP 合成酵素に翻訳される．cotB2 遺伝子は924塩基対で307個のアミノ酸から構成される**テルペン環化酵素**（terpene cyclase）をコードしており，cotB3 遺伝子と cotB4 遺伝子はいずれも**シトクロム P450**（cytochrome P450）をコードしている．これら四つの遺伝子がコードする酵素の機能推定は，上述した相同性検索によって行われる．

つぎに，cotB1, cotB2, cotB3, cotB4 の四つの遺伝子をあるベクターにクローニングして，元々シクロオクタチンを生産しない異種の放線菌，例えば，Streptomyces albus に導入する．外来の遺伝子を導入して得られた菌体を形質転換体という．四つの遺伝子を導入した S. albus の形質転換体において，シクロオクタチンの生産が確認できれば，cotB1, cotB2, cotB3, cotB4 の四つの遺伝子のすべてまたは一部がシクロオクタチンの生産を担っていることが証明できる．この一連の実験操作を「異種発現」という．また，cotB1, cotB2, cotB3 の三つの遺伝子や，cotB1, cotB2 の二つの遺伝子を導入した S. albus の形質転換体をそれぞれ作製し，それらの生産化合物を調べることで，個々の生合成遺伝子がコードする生合成酵素の機能を推定することができる．実際に，cotB1, cotB2, cotB3 の三つの遺伝子を導入した S. albus の形質転換体と cotB1, cotB2 の二つの遺伝子を導入した S. albus の形質転換体は，それ

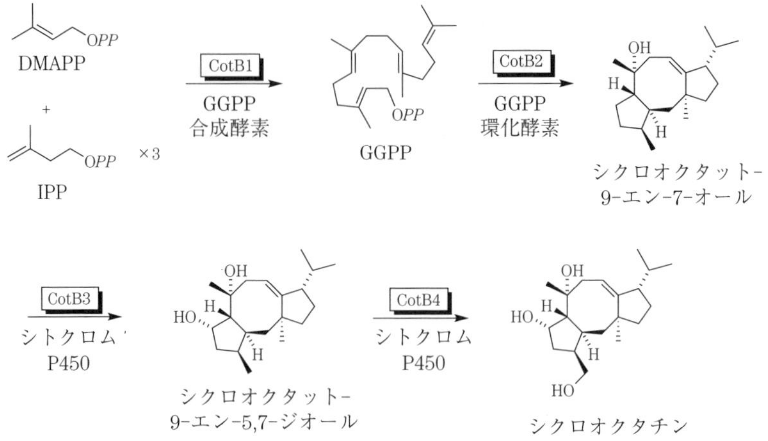

34   1. 天然物化学の技術

図 1.17 シクロオクタチンの生合成経路

ぞれシクロオクタット-9-エン-5,7-ジオールとシクロオクタット-9-エン-7-オールを最終産物として生産する（**図 1.17**）。

取得した遺伝子クラスターが真にその二次代謝産物の生合成を担っているかを検証する別の方法として，「遺伝子破壊」がある．引き続き，シクロオクタチンの例で説明する．

シクロオクタチン生産放線菌である *S. melanosporofaciens* MI614-43F2 株のシクロオクタチン生合成遺伝子，例えば，*cotB3* を何らかの方法で欠失させることができたとする．このようにして作製した菌株は遺伝子破壊株と呼ばれる．*cotB3* 破壊株は，シクロオクタチンを生産することはできず，代わりに，

＜**Coffee Break**＞ "天然物化学とノーベル生理学・医学賞"

2015 年，北里大学特別栄誉教授の大村智が「寄生虫が引き起こす伝染病に対する新しい治療法の発見（"discoveries concerning a novel therapy against infectious caused by roundworm parasites"）」でノーベル生理学・医学賞を受賞した[41]．製薬企業のメルク社の William C. Campbell との共同受賞である[42]．同時に，中国の Youyou Tu も，「マラリア原虫が引き起こす伝染病に対する新しい治療法の発見（"discoveries concerning a novel therapy against Malaria"）」で受賞した[43]．

1.6 生合成から天然物を見る

　大村の研究グループは，おもに土壌から分離した多くの微生物を拾集し，それらの中から，寄生虫を殺すことのできる物質を生産する放線菌，*Streptomyces avermitilis* を発見した．さらに，その放線菌の中から薬効成分としてエバーメクチン（avermectin）というポリケチドに属する天然化合物を見つけ，その化学構造の一部を化学反応によってつくり変えたイベルメクチン（ivermectin）という薬剤を開発したのである（**図**）．このイベルメクチンを製造するのに必須なエバーメクチンは，現在でも *S. avermitilis* の培養液から精製されて供給されており，天然物化学が重要な学問分野であることを示す好例である．

エバーメクチンB_{1a}
X–Y: HC = CH

イベルメクチンB_{1a}
X–Y: H_2C – CH_2

図　エバーメクチンとイベルメクチンの構造

　エバーメクチンの抗寄生虫活性には 13 位に付加している糖鎖が重要であり，この糖鎖が付加するためには 13 位のヒドロキシ基(-OH 基)が必須である．しかし，この 13 位の-OH 基を除去しうる脱水酵素をコードする遺伝子がエバーメクチン生産菌のゲノム上のエバーメクチン生合成遺伝子クラスターに存在していることが後のゲノム解析によって明らかにされた[44]．すなわち，エバーメクチンの生合成遺伝子クラスターの情報からは，13 位の-OH 基は除去されてもおかしくはないと推定されたのである．ところが，その脱水酵素遺伝子には偶然ともいうべき一塩基置換の変異が入っており，脱水酵素として機能できない．つまり，脱水酵素遺伝子に突然変異が入って機能を失ったことで 13 位の-OH 基はそのまま残ることになり，この 13 位の-OH 基は糖鎖が付加する足場になったのである．もし，この脱水酵素遺伝子に変異が起こっていなかったら，13 位の-OH 基は除去されてしまい糖鎖は付加されることなく，結果として，抗寄生虫活性を指標にしたスクリーニング系においてエバーメクチンが発見されることはなかったのかもしれない．このように，ゲノム解析から解き明かされたエバーメクチンの生合成にまつわる秘密は，エバーメクチンはまさに自然の恵みであり，その発見はセレンディピティーであることを示しているといえよう．

シクロオクタット-9-エン-7-オールを生産するようになる。この現象は，*cotB3* が破壊されることで CotB3 酵素が働くことができなくなり，CotB3 の基質としてつぎの化合物に変換されるはずであったシクロオクタット-9-エン-7-オールがそのまま残ることで検出されるようになった，と説明することができる。このようにして，生合成中間体の一つであり CotB3 酵素の基質であるシクロオクタット-9-エン-7-オールを同定することができる。この一連の実験操作を「遺伝子破壊」という。「異種発現」と「遺伝子破壊」の実験はすべて，菌体を使った生体内（*in vivo*）実験である。

一方，試験管内（*in vitro*）実験によっても個々の生合成酵素の機能を調べることができる。例えば，*cotB2* 遺伝子を大腸菌で発現させて組換え酵素を調製して，基質と推定される GGPP と反応させ，その反応産物を決定することで CotB2 酵素の機能を同定することができる。実際に，CotB2 酵素と GGPP とを Mg^{2+} を含む緩衝液中で反応させるとシクロオクタット-9-エン-7-オールが生成する。

以上のような実験過程を経て，シクロオクタチンの生合成遺伝子が同定され，その生合成経路の全容が解明された（図 1.17）[40]。同様の方法で，自分が興味をもつ二次代謝産物の生合成経路の決定と生合成遺伝子の同定が可能である。

章 末 問 題

【1】 天然物の単離の工程を簡単に説明せよ。
【2】 天然物の構造を決定するための分析手法とその原理を簡単に説明せよ。
【3】 天然物化学における有機合成の役割を，例を挙げて簡単に説明せよ。
【4】 問図 1.1 の天然物（a）～（d）は，機器分析による解析のみではその化学構造を一義的に決定することが困難であった。構造決定においてどのような問題があるのか，各々の化合物について調べて記載せよ。

（a） テトロドトキシン　（b） ペンタレノラクトン　（c） ペリプラノンA　（d） ペリプラノンB

問図 1.1

【5】 一次代謝産物としての糖はD体であるが，L糖も天然には存在する。天然に一般的に存在するL糖とはなにか。またどのような生物に多く見られるか記載せよ。

【6】 一次代謝産物としてのアミノ酸はL体であるが，D-アミノ酸も生物体には存在する。そのような生物におけるD-アミノ酸の役割について記載せよ。

【7】 細胞毒性化合物のスクリーニングに用いる技術としてどのような検出法があるか。

【8】 レポーターアッセイについて記述せよ。また，レポーターとして用いる遺伝子をあげよ。

【9】 オルガノイドについて説明せよ。

【10】 iPS細胞をつくる遺伝子（群）について説明せよ。

【11】 ある種の微生物は，ストレプトマイシンやカナマイシンといった抗生物質を生合成することができる。ではなぜ，これらの微生物は自身の生産する抗生物質によって，生育の阻害を受けることなく抗生物質を生産することができるのか，その理由を推測せよ。

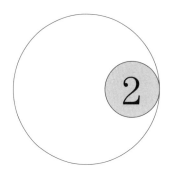

2 生合成経路と天然物

2.1 ポリケチド

　天然物は多種多様であり，脈略のない構造の化合物群と見られがちである。しかしながら，天然物の生産が遺伝子群およびそれらの生産物である酵素群に支配されている以上，生合成には一定の規則が存在する。本節および本章の以降の節では，生合成機構を知ることによって，天然物の化学構造を理解することを目標とする。

2.1.1 ポリケチド生合成機構と出発単位

　ポリケチド（polyketide）化合物は，酢酸やプロピオン酸（あるいは酪酸その他の短鎖カルボン酸）の縮合によって生成する。縮合には反応エネルギーが必要なため，酢酸の場合はATPのエネルギーを使い，コエンザイムA（CoA）と酢酸から，アセチルCoA合成酵素によって反応性の高いアセチルCoAが合成される（**図2.1**）。

　脂肪酸生合成機構においては，アセチルCoAはアセチルトランスフェラーゼによってアセチルACPに，マロニルCoAはマロニルトランスフェラーゼによってマロニルACPに変換される。マロニルCoAは，アセチルCoAカルボキシラーゼによってアセチルCoAからATPと炭酸イオンを使って合成される。アセチルACPとマロニルACPが縮合して3-ケトブチリルACPに変換され，さらに還元反応（ヒドロキシ化），脱水反応（不飽和化），還元反応（水素化）

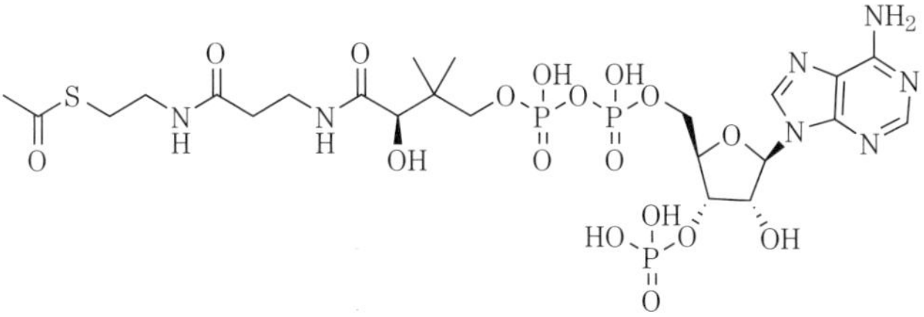

2.1 ポリケチド　39

（a） アセチル CoA（コエンザイム A の SH 基が酢酸とチオエステル結合した高エネルギー物質）

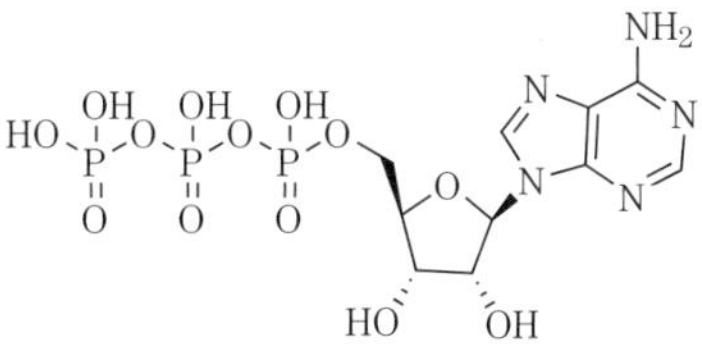

（b） ATP（代表的な生体高エネルギー物質）

図 2.1 アセチル CoA と ATP

を経てブチリル ACP に変換される（**図 2.2**）。ブチリル ACP はマロニル ACP と縮合し，還元，脱水，還元を経て炭素 2 個が伸長する。この一連の反応の繰り返しで，飽和脂肪酸のアシル ACP が合成される。不飽和化はその後に起こり，

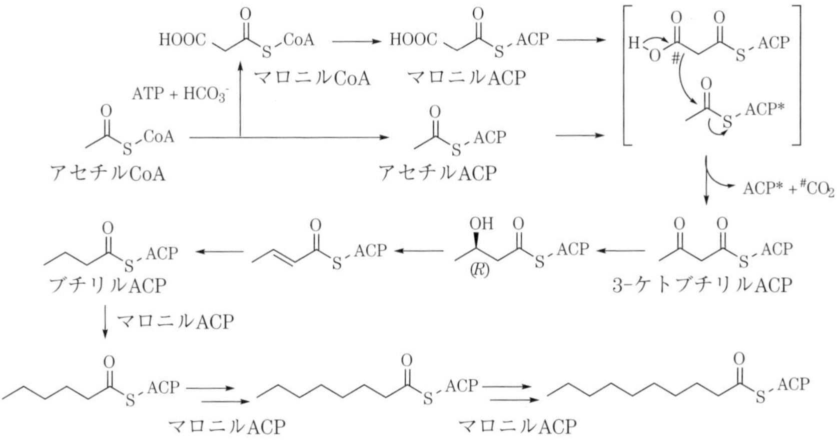

図 2.2 脂肪酸合成経路における炭素鎖の伸長
（#CO_2 はカルボン酸から，ACP* はアセチル ACP* から生じる）

不飽和脂肪酸に変換される。

ポリケチド生合成機構においては，カルボニル基（ケトン）が残るため，ポリケトメチレン鎖が形成した後に種々の反応が起こり，多様な構造ができる。単純なポリケチドのオルセリン酸は，1分子のアセチルACPと3分子のマロニルACPが縮合して直鎖8炭素化合物となり，ついで分子内アルドール縮合により閉環し，エノール化を経て芳香環になる（**図2.3**）。

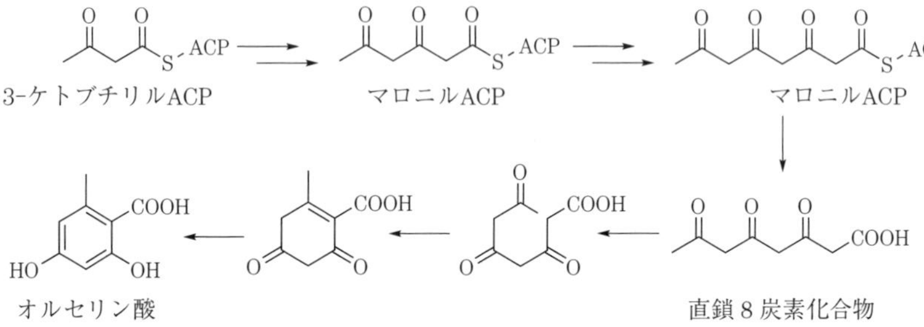

図2.3 ポリケチド生合成経路

医薬として有用な多くのポリケチド化合物が微生物によって生産されている。おもな化合物と生物活性を**図2.4**に示した。

ポリケチド化合物の出発単位は，酢酸（C_2），プロピオン酸（C_3）のほかにも，環状脂肪酸や芳香環化合物が取り込まれ，より複雑な構造となる。縮合単位の数によりトリケチド（$C_2 \times 3$），テトラケチド（$C_2 \times 4$），ペンタケチド（$C_2 \times 5$），ヘキサケチド（$C_2 \times 6$），ヘプタケチド（$C_2 \times 7$），オクタケチド（$C_2 \times 8$），ノナケチド（$C_2 \times 9$），デカケチド（$C_2 \times 10$）などのように分類される。実際には，メチルマロニルCoAが使われるエリスロマイシンなどでは分枝の炭素が伸長する。また，閉環の違いは異なる化合物を生成する。

共通する構造として
（1） 酢酸のメチル基やプロピオン酸のエチル基が残る。
（2） カルボン酸は種々の酸素官能基になる。
（3） カルボニル基はヒドロキシ基として残る。

などが見られる。一般的に縮合反応による生成物は，分枝構造を除いた主骨格

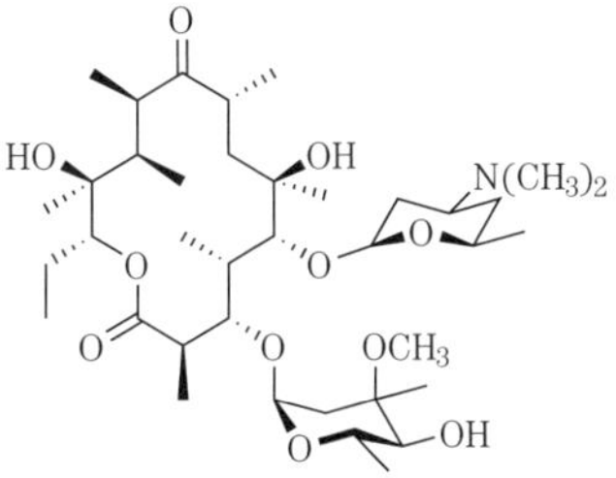

(a) エリスロマイシン A
（マクロライド系抗生物質）

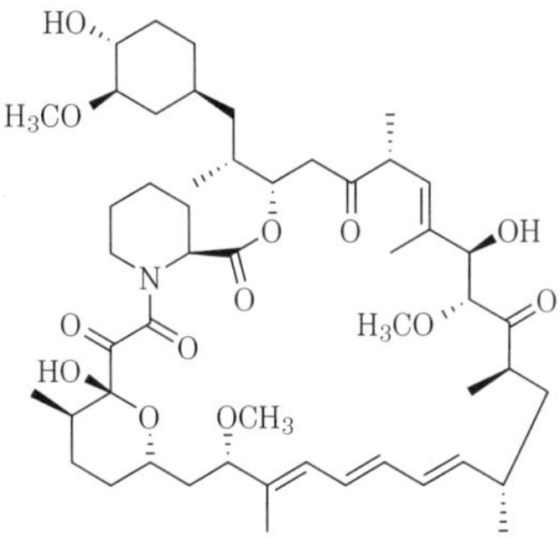

(b) ラパマイシン
（ポリエン系免疫抑制剤）

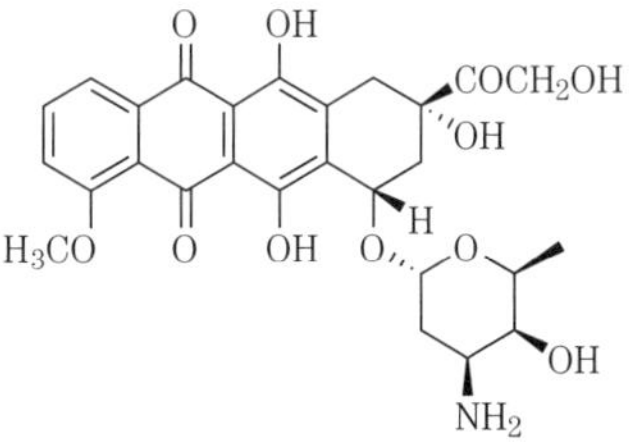

(c) ドキソルビシン
（アンスラサイクリン系抗腫瘍抗生物質）

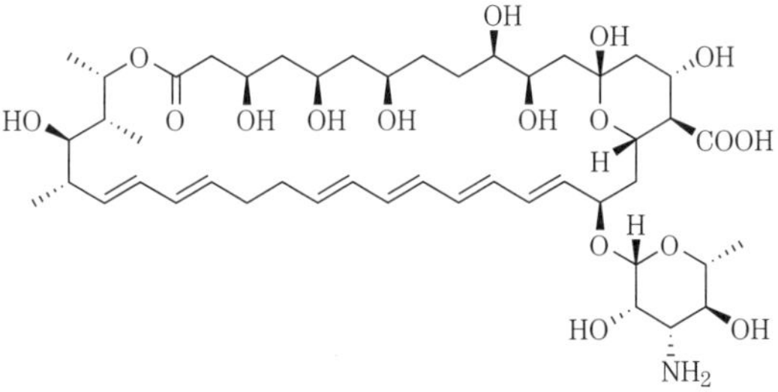

(d) アンフォテリシン B
（ポリエン系抗生物質）

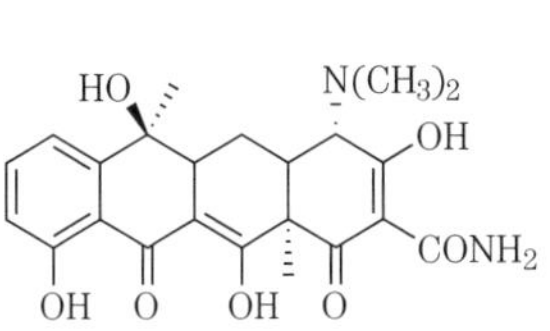

(e) テトラサイクリン
（テトラサイクリン系抗生物質）

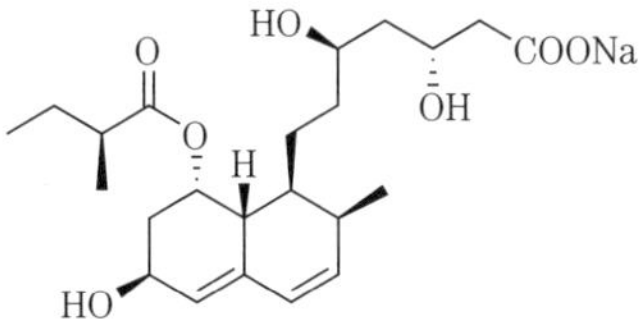

(f) ロバスタチン
（ポリケチド系スタチン）

図 2.4　ポリケチド系医薬品化合物と生物活性

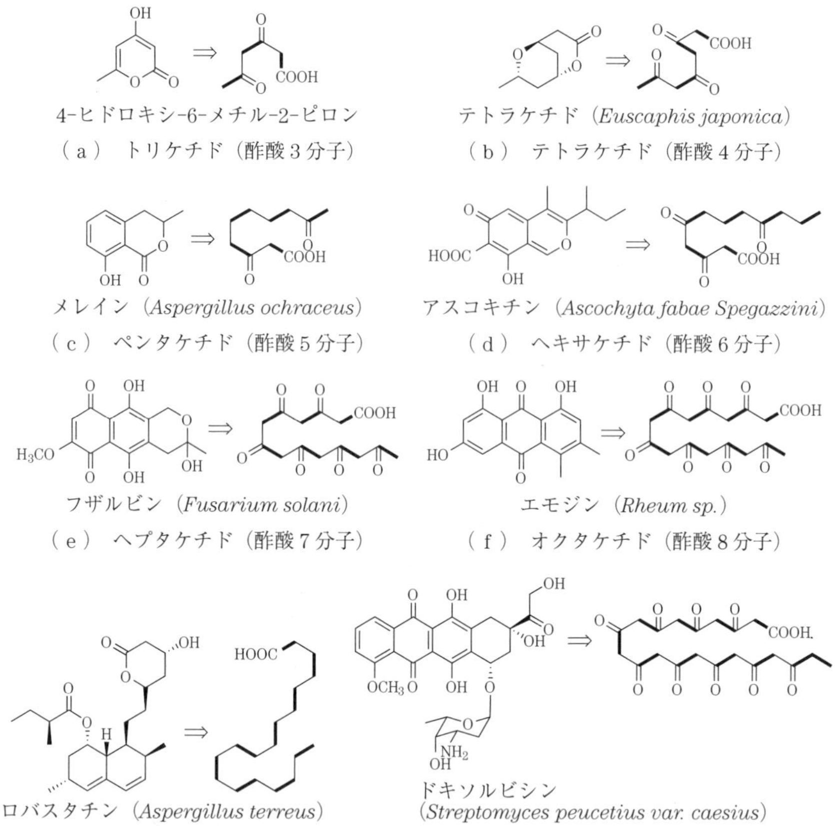

42 2. 生合成経路と天然物

(a) トリケチド（酢酸3分子）
4-ヒドロキシ-6-メチル-2-ピロン

(b) テトラケチド（酢酸4分子）
テトラケチド（*Euscaphis japonica*）

(c) ペンタケチド（酢酸5分子）
メレイン（*Aspergillus ochraceus*）

(d) ヘキサケチド（酢酸6分子）
アスコキチン（*Ascochyta fabae Spegazzini*）

(e) ヘプタケチド（酢酸7分子）
フザルビン（*Fusarium solani*）

(f) オクタケチド（酢酸8分子）
エモジン（*Rheum sp.*）

(g) ノナケチド（酢酸9分子）
ロバスタチン（*Aspergillus terreus*）

(h) デカケチド（プロピオン酸1分子，酢酸8分子）
ドキソルビシン（*Streptomyces peucetius var. caesius*）

図 2.5　ポリケチド化合物とその生産菌名
（各化合物の閉環前の構造を示し，生合成単位を太線で示した）

を「一筆書き」することができるので，生合成のおもな経路と付随する転移反応などを区別することができる（**図 2.5**）。

2.1.2　III 型ポリケチド生合成機構

これらのポリケチド化合物は，**ポリケチド合成酵素**（polyketide synthase, PKS）によって生合成される。PKS は

（1）複数のドメイン（機能をもつ領域）が1本のポリペプチド鎖に連なる

タンパク質のⅠ型（飽和型化合物を生合成する）
（2）異なる機能をもつタンパク質の複合体であるⅡ型（芳香族化合物を生合成する）
（3）ケトシンターゼ（KS）ドメインからのみなるⅢ型

の3種類が存在する。

PKSを構成する生合成には，以下の合成酵素が関与する。
（1）アシルキャリヤータンパク（ACP）：縮合するアシル基を固定する場となる酵素
（2）β-ケトアシル合成酵素（KS）：ACPに結合したアシル基につぎのアシル基を付加し，炭素骨格を伸長する酵素（略称ケト合成酵素）
（3）アシル基転移酵素（AT）：アセチルCoAなどのアシルCoAをACPに結合する酵素
（4）鎖長決定因子（CLF）：炭素鎖の伸長（縮合の回数）を決定するタンパク性の因子
（5）β-ケトアシル還元酵素（KR）：反応中間体のケトンをアルコールに還元する酵素（略称ケト還元酵素）
（6）脱水酵素（DH）：脱水反応をする酵素
（7）エノイル還元酵素（ER）：ケトンに共役した二重結合を還元する酵素
（8）チオエステラーゼ（TE）：ACPから生成物を切り出す酵素

さらに，化学修飾を行う酵素が機能する。
（9）ケト還元酵素：ケトンをアルコールに還元する酵素
（10）芳香化酵素（ARO）：芳香環化する酵素
（11）環化酵素（CYC）：環化反応する酵素

Ⅲ型PKSはKSのみで構成され，伸長反応と閉環反応によって多様なポリケチドを合成する。フラボノイドやスチルベンのようなポリフェノール化合物がこの経路によって生合成される。植物のⅢ型PKSは，一般的な植物フラボノイドやレスベラトロール（赤ワイン），クルクミン（ウコン），カンナビノイド（大麻）など，多彩な二次代謝産物を生合成する（**図2.6**）。

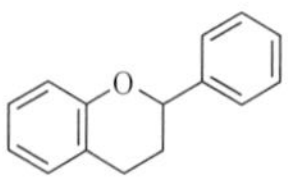

44   2. 生合成経路と天然物

（a）フラバン
（フラボノイドの基本骨格）

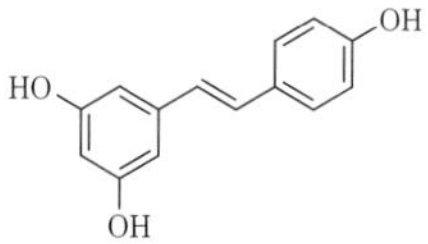

（b）レスベラトロール
（赤ワインに含まれる）

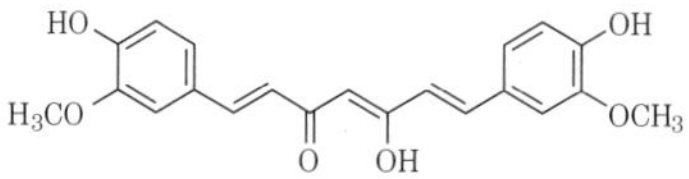

（c）クルクミン
（ウコン Curcuma longa）

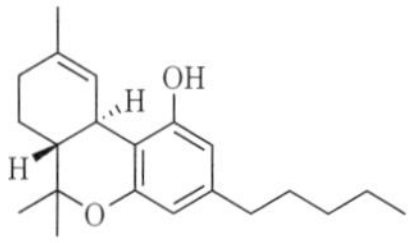

（d）テトラヒドロカンナビノール
（大麻）

図 2.6　III 型 PKS によって生合成される化合物

III 型 PKS のカルコン（chalcone）合成酵素 CHS とスチルベン（stilbene）合成酵素 STS は，いずれも1分子のクマロイル CoA に対して3分子のマロニル CoA と縮合・脱炭酸を繰り返して環化し，さらに芳香化を触媒してカルコン $C_6H_5CH=CHC_6H_5$ あるいはスチルベン $C_6H_5CH=CHCOC_6H_5$ を合成する。これらはフラボノイドの前駆体となる（**図 2.7**）。縮合回数を変える目的で遺伝子

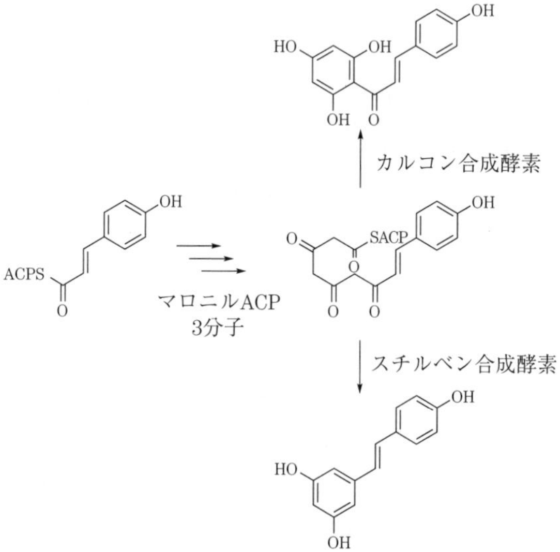

図 2.7　カルコンおよびスチルベンの生合成

配列を改変することで,天然とは異なる縮合物を得る,あるいは基質特異性の低いIII型PKSの特徴を利用し,非天然型基質を生合成経路に組み入れることによって,天然では見出すことのできない非天然型ポリケチド化合物の生産が報告されている[1]。

2.1.3 II型ポリケチド生合成機構

II型PKSの多くは
（1）　アシルキャリヤータンパク（ACP）
（2）　β-ケトアシル合成酵素（KS,略称：ケト合成酵素）
（3）　アシル基転移酵素（AT）
（4）　鎖長決定因子（CLF）

からなる同一酵素群の繰り返しによって炭素鎖の伸長反応を行い,多くの場合芳香族ポリケチドを生合成する。これらの酵素をコードする遺伝子群はクラスターを形成し,染色体上に隣接している。ACP,KS,AT,CLFの4酵素は炭素鎖の伸長反応に必須であり,最小ポリケチド合成酵素と呼ばれ,つぎのような段階を経て反応する（**図2.8**）。

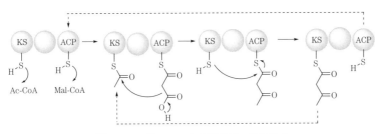

図2.8　II型PKSによる炭素鎖の伸長様式
（炭素鎖が充足するまでACPとKSが繰り返し使われる）

段階1（反応の準備）：　アシル基転移酵素（AT）が,アセチルCoAをケト合成酵素（KS）に,マロニルCoAをアシルキャリヤータンパク（ACP）に結合する。

段階2（アシル基の転移）：　段階1でケト合成酵素（KS）に結合したアシ

ル基が，アシルキャリヤータンパク（ACP）に結合しているマロニル CoA に転移・結合する。

段階3（縮合物の転移）：　段階2の縮合反応物がケト合成酵素（KS）に転移する。

段階4（反応の準備）：　アシル基転移酵素（AT）が，マロニル CoA を（段階3で空いた）アシルキャリヤータンパク（ACP）に結合する。

段階5（アシル基の転移）：　段階4でケト合成酵素（KS）に結合した縮合物が，アシルキャリヤータンパク（ACP）に結合しているマロニル CoA に結合・転移する。

段階6（繰り返し）：　段階1～5を繰り返して炭素鎖を伸長する。

最終段階（切り出し）：　鎖長決定因子（CLF）が，縮合生成物を切り出す。

この反応の生成物は，反応性に富むカルボニル基とメチレン（アルキル基）の繰り返し構造をもつ。そのため，化学修飾を行う酵素によって環状構造が生成する。

つぎの**図2.9**のアクチノロジン *act*，フレノリシン *fren*，テトラセノマイシン *tcm* は，II型 PKS によって合成される（アクチノロジンは二量体である）[2]。**図2.10** に示したように，生合成遺伝子はクラスターを形成しており，それらの配置はきわめて類似する配置をとっている[3]。III型と同様に生合成遺伝子の破壊株では，非天然型化合物の生産が可能である。**表2.1** に放線菌 *Streptomyces* 属が生産する芳香族ポリケチド化合物の生合成遺伝子の例をまとめた[4]。

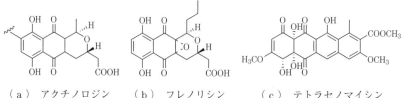

（a）アクチノロジン　（b）フレノリシン　（c）テトラセノマイシン

図2.9　II型 PKS によるポリケチド化合物
（アクチノロジンは二量体である）

図2.10 II 型 PKS の生合成遺伝子クラスターの模式図
KR：β-ケトアシル還元酵素　KS：β-ケトアシル合成酵素　AT：アシル基転移酵素
CLF：鎖長決定因子　ACP：アシルキャリヤータンパク　CYC：環化酵素　tcmJ：テトラセノマイシンポリケチド合成タンパク　o-MT：O-メチル転移酵素

表2.1 放線菌 Streptomyces 属が生産する芳香族ポリケチド化合物の生合成遺伝子

化合物	生産菌	PKS 遺伝子	縮合回数
アクチノロジン	S. coelicolor	act	7
グラナチシン	S. violaceoruber	gra	7
フレノリシン	S. reseofulvus	fren	8
オキシテトラサイクリン	S. rimosus	otc	8
テトラセノマイシン	S. glaucescens	tcm	9
グリセウシン	S. griseus	gris	9
ダウノルビシン	S. peucetius	dps	9

2.1.4　I 型ポリケチド生合成機構

I 型生合成酵素は，各反応に対応する個別の酵素が関与する。アシルキャリヤータンパク（ACP），β-ケトアシル合成酵素（KS），アシル基転移酵素（AT）に加えて，β-ケトアシル還元酵素（KR），脱水酵素（DH），エノイル還元酵素（ER），チオエステラーゼ（TE）が存在する。これらの酵素は，複数のドメイン（酵素機能をもつ領域）が集合したモジュールを形成し，これが複数連なった長大なタンパク質を形成している。エリスロマイシンのアグリコン部分（6-デオキシエリスロノライド B）を例に説明すると（**図2.11**），炭素鎖の伸長には，モジュール 1～6 が関与する（ここでの酵素反応全般において，立体化学は制御されている）（**図2.12**）。

段階1（縮合の準備—炭素数3）：　モジュール 1 の AT がプロピオニル CoA を ACP に結合させ，中間体（1）を形成する。モジュール 2～6 の各 AT は，メチルマロニル CoA を各 ACP に結合させる。

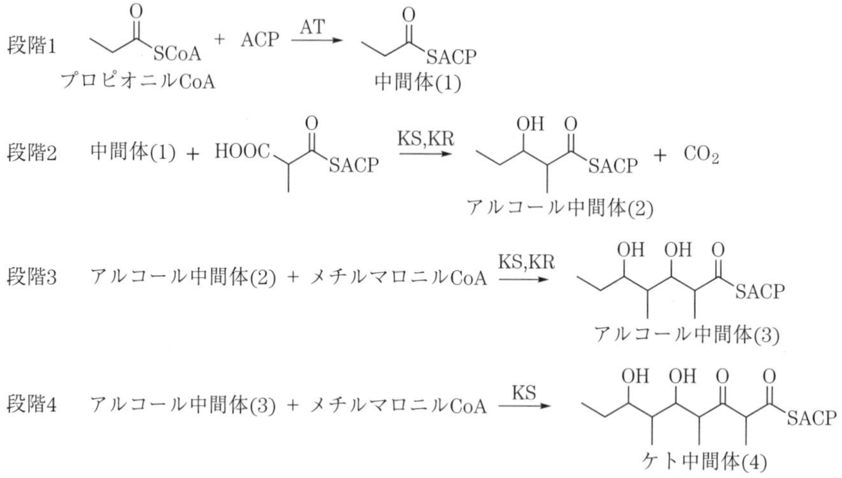

段階1
SCoA
プロピオニルCoA
ACP
AT
SACP
中間体(1)
段階2　中間体(1) + HOOC
SACP
KS,KR
OH
SACP + CO2
アルコール中間体(2)
段階3　アルコール中間体(2) + メチルマロニルCoA
KS,KR
OH OH
SACP
アルコール中間体(3)
段階4　アルコール中間体(3) + メチルマロニルCoA
KS
OH OH
SACP
ケト中間体(4)

図 2.11　ポリケチド合成酵素による生合成経路の段階 1～4

モジュール1
モジュール2
モジュール3
モジュール4
モジュール5
モジュール6
AT ACP KS AT KR ACP KS KR ACP
KS AT KR0 ACP KS AT DH ER KR ACP
KS AT KR ACP KS AT KR ACP TE
段階1
段階2
段階3
段階4
段階5
段階6
段階7
6-デオキシエリスノロライドB

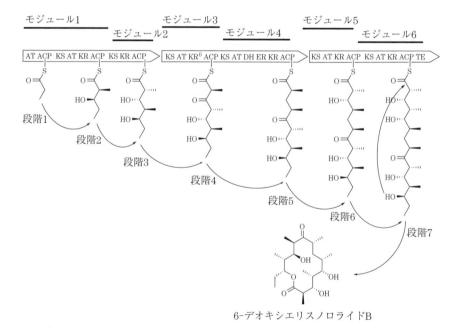

図 2.12　ポリケチド合成酵素によるエリスロマイシンのアグリコン部分の生合成経路（モジュール 3 の KR^0 は機能していない）[5,6]

段階2(炭素数6): 　　KSが中間体(1)をつぎのACP上にあるメチルマロニル基に結合する。KRによって還元されてアルコール中間体(2)を形成する。

段階3(炭素数9): 　　アルコール中間体(2)は，モジュール2のKSによってACP上のメチルマロニルCoAと縮合し，KRによって還元されてアルコール中間体(3)となる。

段階4(炭素数12): 　　アルコール中間体(3)は，モジュール3のKSによってACP上のメチルマロニルCoAと縮合しケト中間体(4)となる(モジュール3のKRは機能していないので，KR^0と表記している)。

段階5〜7(炭素数15〜21): 　　段階2,3,4の反応が，モジュール5〜6で繰り返されて炭素鎖が伸長する。モジュール6のTEによって，炭素数21の中間体が切り離されると同時にラクトン化し，6-デオキシエリスロノライドBが生成する。この中間体は，他の酵素による修飾(糖鎖の付加を含む)を経てエリスロマイシンが合成される(図2.12)。

I型PKS遺伝子，モジュール5のKRドメインを欠失させた生産菌は5-オキソ体を，モジュール4のERドメインの欠失は6,7-アンヒドロ体を生成する(**図2.13**)[7]。生合成遺伝子の解析は，新たな構造の非天然型化合物の生合成が試みられている。

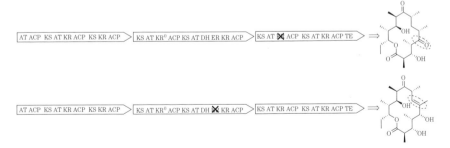

図2.13 I型PKS遺伝子の改変による生成化合物例
(×印は欠失ドメイン，KR^0は機能しないドメイン)

2.1.5 非リボソーム型ペプチド合成機構

よく知られる生物の 20 アミノ酸に属さない**非リボソーム型ペプチド**（NRP (s)：nonribosomal peptide (s)）は，リボソームを経由せずに合成される微生物の二次代謝産物で，非常に多彩な構造をもち生理活性を示す化合物も多い。NRP (s) は，非リボソーム型ペプチド合成酵素（NRPS：nonribosomal peptide synthase (s)）の作用により，アミノ酸から合成される天然物医薬品の中

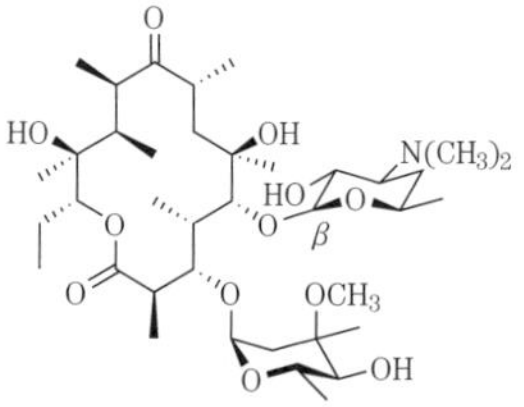

（a） エリスロマイシン A (PKS) 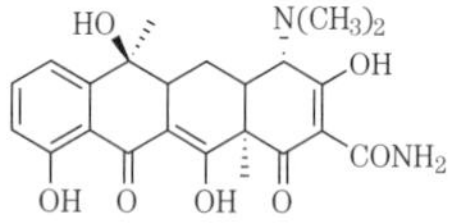　　（b） テトラサイクリン (PKS)

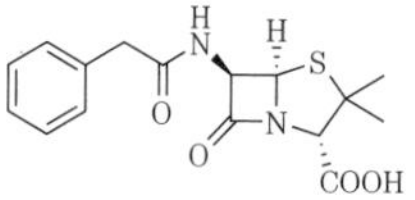

（c） ペニシリン G (NRPS) 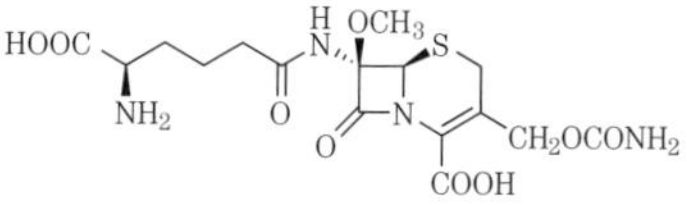　　（d） セファマイシン C (NRPS)

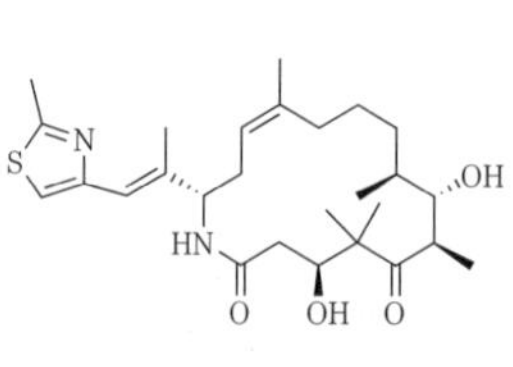

（e） エポチロン D (PKS-NRPS) 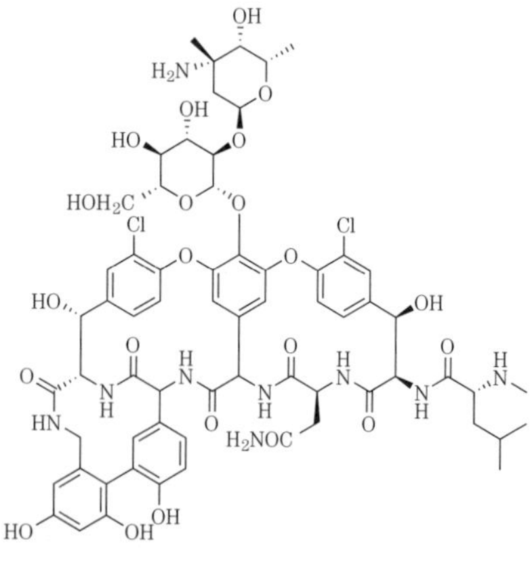　　（f） バンコマイシン A (NRPS)

図 2.14　非リボソーム型ペプチド合成酵素（NRPS）とポリケチド合成酵素（PKS），およびその混成（PKS-NRPS）によって生合成される天然物医薬品の例

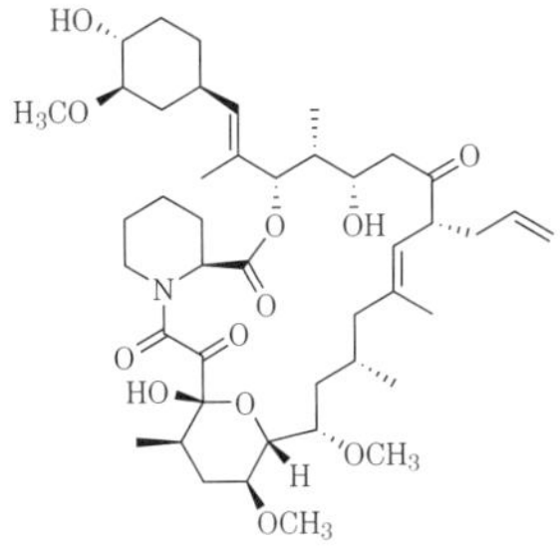

（g） タクロリムス（FK506）（PKS-NRPS） 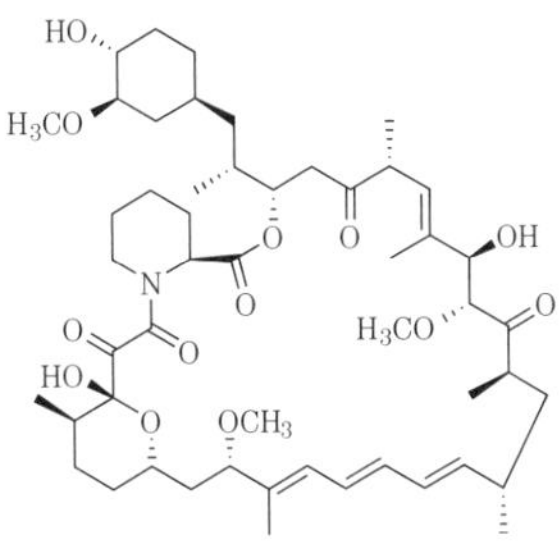　　（h） ラパマイシン（PKS-NRPS）

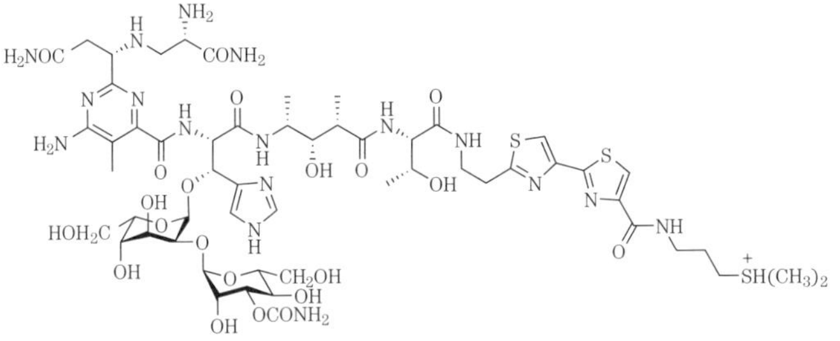

（i） ブレオマイシン A_2（PKS-NRPS）

図 2.14　（続き）

には，NRPSとPKSとの混成によって生合成される化合物も多い。図 2.14 の中で，エリスロマイシンAとテトラサイクリンはPKS，ペニシリンGとセファマイシンC，バンコマイシンAはNRPS，FK506，ラパマイシン，エポチロンD，ブレオマイシン A_2 はPKSとNRPSの混成によって生合成される[8]。

　非リボソーム型ペプチド合成酵素（NRPS）はモジュール型で，合成する分子が決まっており，リボソームで合成されるポリペプチドとは異なりmRNAには依存しない。抗腫瘍抗生物質サーファクチンの生合成では，アミノ酸の伸長，ペプチドの受け渡し，切り出し，環化がモジュール構造によって規則正しく行われる（図 2.15）[9]。

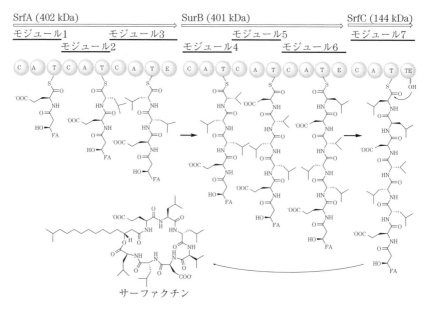

C：縮合部位（アミド結合の形成）
A：アデニル化部位
T：チオエステル化部位（チオエステル化およびペプチド鎖転移部位）
E：エピマー化部位（L-アミノ酸からD-アミノ酸への転換）
TE：終結部位（チオエステル分解酵素）

図 2.15 抗腫瘍抗生物質サーファクチンの生合成経路の概要

2.1.6 リボソーム翻訳系翻訳後修飾ペプチド合成機構

リボソームによって合成され，翻訳後修飾を受けたペプチドによる天然物は，リボソーム翻訳系翻訳後修飾ペプチド（RiPPs：ribosomally synthesized and

---

＜**Coffee Break**＞ "遺伝子組換えと新しい化合物"

　多くの抗生物質や有用な生理活性物質が，微生物の二次代謝産物として生産される。このような化合物の生合成遺伝子や酵素が明らかになると，それらを人為的に改変することで，天然からは得られなかった生理活性物質の生産が試みられている。本文では，I型 PKS のモジュールの改変によるエリスロマイシン類縁体の生成の一部について記載した。

　II 型 PKS によるアクチノロジンの生成では，最小 PKS（KS+CLF+ACP）が炭素鎖長を決定する。そこで CLF の特異性を変化させて炭素数の異なるポリケチ

ド生合成中間体が得られると予想された。これに加えて KR, ARO, CYC, CYC 遺伝群の組み合わせた組換えプラスミドを作製し,形質転換体が生成する化合物群を解析した。その結果,C_{16} 中間体および C_{20} 中間体のいずれからも,天然では生成しない非天然型生合成化合物が生成した(図)[3]。芳香族ポリケチド化合物の生合成は,CLF の改変とそれに続く修飾反応の組み合わせによって種々の新規な化合物を生成することができる。

C_{16} ポリケチドは 7 分子のマロニル CoA と 1 分子のアセチル CoA から,C_{20} ポリケチドは 8 分子のマロニル CoA と 1 分子のアセチル CoA から生成する。

図 組換え PKS によるポリケチド化合物の構造

post-translationary modified peptides）と呼ばれ，真核生物，真正細菌，古細菌などの生物によって生合成される。この化合物群は，遺伝子配列から構造を予測することが容易なため，ゲノム解析が進むにつれて注目されている。チオストレプトンやシクロチアゾマイシン（抗生物質）のような分子量の大きなものが多く，また広範囲の生物活性を有している（**図 2.16**）。

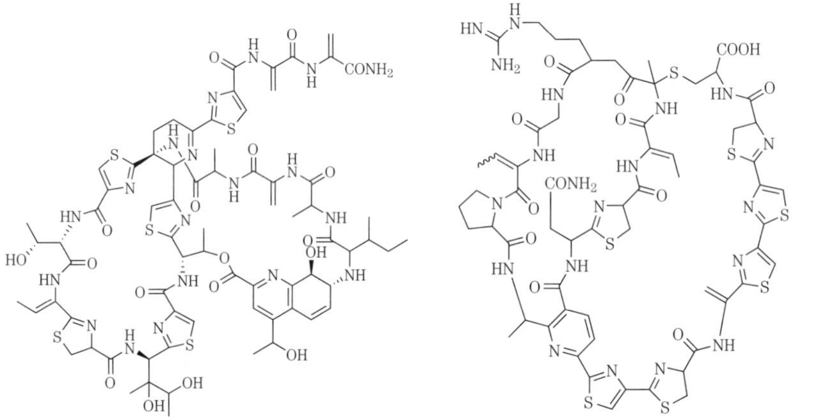

（a）チオストレプトン（抗生物質）　　（b）シクロチアゾマイシン（抗生物質）
図 2.16　RiPPs 化合物チオストレプトンとシクロチアゾマイシン

2.2　テルペノイド

2.2.1　テルペノイドと出発物質

テルペノイド（terpenoid）は，天然から 80 000 種以上単離されている天然物の最大の化合物群であり，その化学構造は多様である[10]。それゆえ，テルペノイドは，生命システムの構成成分として存在するだけでなく，多様な生物活性を示すことが多いため，我々の生活にとっても重要な化合物となっている。

図 2.17 に生命システムの構成成分として，テルペノイドの例を挙げる。

ステロールの一種であるテストステロン（testosterone）やエストラジオール（estradiol）は代表的な性ホルモンである。β-カロテンに代表されるカロテ

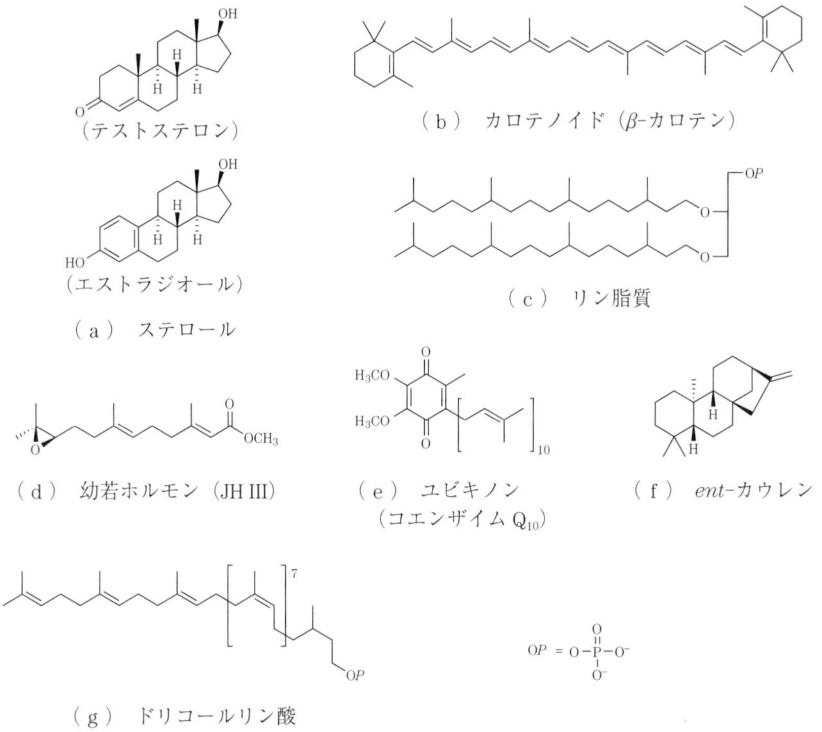

2.2 テルペノイド　　55

(a) ステロール
(テストステロン)
(エストラジオール)

(b) カロテノイド (β-カロテン)

(c) リン脂質

(d) 幼若ホルモン (JH III)

(e) ユビキノン
(コエンザイム Q_{10})

(f) ent-カウレン

(g) ドリコールリン酸

$OP = O-\overset{O}{\underset{O^-}{P}}-O^-$

図 2.17 生命システムの構成成分としてのテルペノイドの例

ノイドはおもに植物がつくる色素であり光合成に必要な集光に関わる。**リン脂質**（phospholipids）の脂質部分がテルペノイド由来の構造は古細菌に見られる。幼若ホルモンは昆虫のホルモンで変態を抑制しながら幼虫の生育を促進する作用がある。**ユビキノン**（ubiquinone）は呼吸鎖に必須の電子伝達体の一つであり，テルペノイド側鎖の長さは生物によって異なる（生合成については 2.5.4 項参照）。ent-カウレン（ent-kaurene）は，何段階もの生体内化学反応を経て，植物ホルモンの一種であるジベレリンに変換される。ドリコールリン酸（dolichol phosphate）はタンパク質の N-グリコシル化の際のキャリヤー分子として働く。

図 2.18 に多様な生物活性や機能を示すテルペノイドの例を挙げる。イソプレン（isoprene）は多くの種の木によって生産され大気中に放出されるガスで

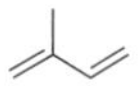

(a) イソプレン 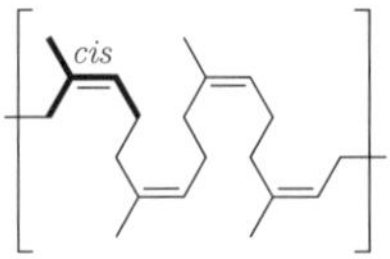　　(b) 天然ゴム 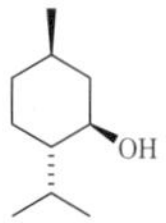　　(c) メントール 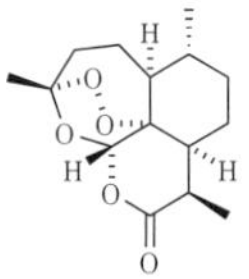　　(d) アルテミシニン

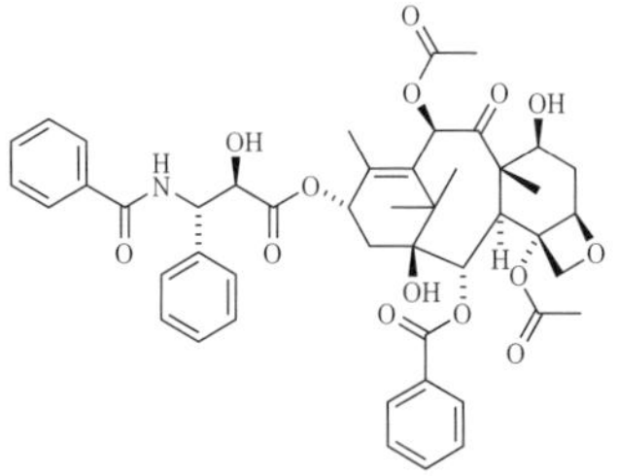

(e) パクリタキセル 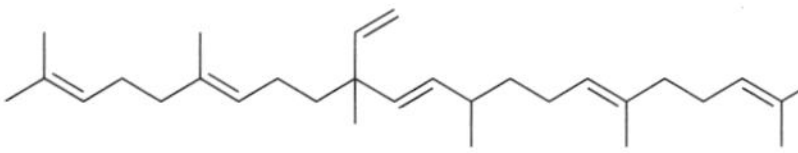　　　　　　　(f) ボツリオコッセン

図 2.18　多様な生物活性や機能を示すテルペノイドの例

あり，天然ゴムの基本単位である．天然ゴムは，10万～100万個のイソプレン単位（太線で示した *cis*-ポリイソプレン）からなる付加重合体である．メントール（menthol）は歯磨きやチューインガム，口中清涼剤などに多用されている．アルテミシニン（artemisinin）は古くから漢方薬として利用されていたヨモギ属の植物であるクソニンジン（*Artemisia annua*）から分離・命名された．抗マラリア活性を有する．パクリタキセル（paclitaxel）はタイヘイヨウイチイ（*Taxus brevifolia*）の樹皮から単離される．肺がんなどの治療に使用されている．ボツリオコッセン（botryococcene）は微細緑藻（*Botryococcus braunii*）が生産する炭化水素であり，代替石油資源として期待されている．

　このような構造多様なテルペノイドであるが，その炭素骨格はすべて炭素数5個からなる複数個の**イソプレンユニット**（isoprene unit）が規則正しく縮合することで生合成される．この規則を**イソプレン則**（isoprene rule）という．この法則はレーオポルト・ルジチカ（Leopold Stephan Ruzicka, 1887–1976 年，現クロアチア生まれ）によって提唱された．ルジチカは，テルペノイドの構造や生合成の解明に大きな役割を果たしたとして，1939 年に「ポリメチレン類およびテルペン類の研究」でノーベル化学賞を受賞している．

テルペノイドの構造は**図 2.19** の太線で表したイソプレンユニットが複数個結合することで形成される。天然ゴムの化学に関する研究を行なっていたファラデー（Faraday）の弟子であった Ipatiew と，Wittorf が 1897 年にイソプレンユニットの正しい構造を提唱した。この複数個のイソプレンユニットが頭（head）と尾（tail）とで規則正しく結合することでテルペノイドが生合成される。この結合様式を，head-to-tail 結合といい，多くのテルペノイドが head-to-tail で縮合したイソプレンユニットから構成される。ただし，実際のテルペノイド生合成は，イソプレンユニットそのものではなく，ジメチルアリル二リン酸（dimethylallyl diphosphate, DMAPP）とイソペンテニル二リン酸（isopentenyl diphosphate, IPP）という一次代謝経路由来の二つの前駆体の縮合によって開始される。図 2.19 に，一例として，1 分子の DMAPP の head（1 位）と 1 分子の IPP の tail（4 位）の間で炭素-炭素結合が生じて炭素数 10 個からなるゲラニル二リン酸（geranyl diphosphate, GPP）が生じる GPP 合成酵素が触媒するプレニル基質伸長反応を示す。

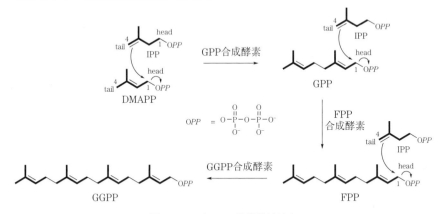

図 2.19 プレニル基質伸長反応

つぎに，GPP の head（1 位）と 1 分子の IPP の tail（4 位）の間で炭素-炭素結合が生じて炭素数 15 個からなるファルネシル二リン酸（farnesyl diphosphate, FPP）が生じる。この反応は FPP 合成酵素によって触媒される。さらに，FPP の head（1 位）と 1 分子の IPP の tail（4 位）の間で炭素-炭素結合が生

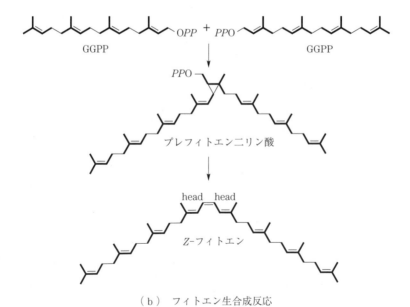

(a) スクアレン生合成反応

(b) フィトエン生合成反応

図 2.20 スクアレン生合成反応とフィトエン生合成反応

じて炭素数 20 個からなるゲラニルゲラニル二リン酸（geranylgeranyl diphosphate, GGPP）が生じる。この反応は GGPP 合成酵素によって触媒される。また、GGPP の head（1 位）と 1 分子の IPP の tail（4 位）の間で炭素–炭素結合が生じて炭素数 25 個からなるゲラニルファルネシル二リン酸（geranylfarnesyl diphosphate, GFPP）が生じる。この反応は GFPP 合成酵素によって触媒される。GPP、FPP、GGPP、GFPP から生合成されるテルペンの総称をそれぞれ、**モノテルペン**（monoterpene）、**セスキテルペン**（sesquiterpene）、**ジテルペン**（diterpene）、**セスタテルペン**（sestarterpene）という。

生成した 2 分子の FPP は、head-to-head で縮合したプレスクアレン（presqualene）を経て、還元剤である NADPH 存在下で還元されて炭化水素である炭素数 30 個からなる**スクアレン**（squalene）になる（**図 2.20**（a））。スクアレンはステロイドなど**トリテルペン**（triterpene）の原料となる。また、2 分子の GGPP が head-to-head で縮合した場合、炭素数 40 個からなる炭化水素である**フィトエン**（phytoene）になる。フィトエンの場合は、head-to-head で縮合した結果生じた炭素–炭素結合は二重結合になる（図（b））。フィトエンはカロテノイドなど**テトラテルペン**（tetraterpene）の原料となる。

以上述べてきたテルペンの生合成と分類を**図 2.21** にまとめる。

テルペノイドの共通の前駆体である IPP と DMAPP は一次代謝産物であり、以下に述べる**メバロン酸**（mevalonic acid）経路または**メチルエリスリトールリン酸**（MEP：methylerythritol phosphate）経路という 2 種類のまったく異なる生合成経路で合成される。このように、同じ代謝産物が異なる経路で生合成されることがあり、これは生合成経路における「収斂進化」の好例である。

2.2.2 メバロン酸経路

メバロン酸経路は 1960 年代にラットやマウス、酵母などの真核生物を使って解明された。

メバロン酸経路の出発物質はアセチル CoA であり、1 分子の DMAPP を生成するためには 3 分子のアセチル CoA が必要となる（**図 2.22**）。まず、アセト

60   2. 生合成経路と天然物

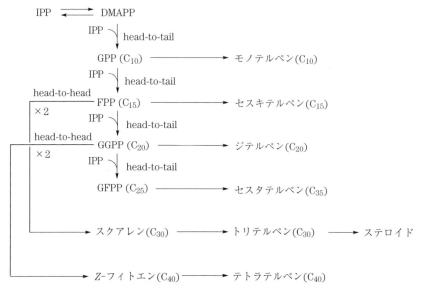

図2.21 テルペンの生合成と分類

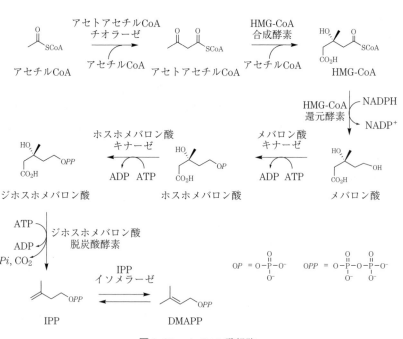

図2.22 メバロン酸経路

アセチル CoA チオラーゼの作用によって，2分子のアセチル CoA が縮合しアセトアセチル CoA が生成する。この反応は，アセトアセチル CoA が分解する方向に平衡が偏っている。つぎに，ヒドロキシメチルグルタリル CoA（HMG-CoA）合成酵素が，もう1分子のアセチル CoA とアセトアセチル CoA を縮合して HMG-CoA を生成する。HMG-CoA は HMG-CoA 還元酵素によって還元され，メバロン酸となる。HMG-CoA 還元酵素による還元反応はメバロン酸経路における律速反応といわれている。ついで，メバロン酸の一級ヒドロキシ基が，メバロン酸キナーゼとホスホメバロン酸キナーゼによって2回の連続したリン酸化を受けて，ジホスホメバロン酸が生成する。このリン酸化反応では2分子の ATP が使われる。最後に，ジホスホメバロン酸はジホスホメバロン酸脱炭酸酵素の作用を受けて，IPP に変換される。この脱炭酸反応においても1分子の ATP がジホスホメバロン酸の三級ヒドロキシ基のリン酸化に使われ，生じたリン酸エステル基は脱炭酸反応のための脱離基として働く。生じた IPP は，IPP イソメラーゼによって DMAPP に変換される。

　メバロン酸経路中の HMG-CoA は，アミノ酸のロイシン（leucine）の分解経路の中間体でもある。したがって，メバロン酸経路特異的な最初の中間体はメバロン酸であり，それゆえにメバロン酸経路と呼ばれる。メバロン酸経路では，1分子の IPP を生合成するために，1分子の NADPH，3分子の ATP が使われる。メバロン酸経路の律速段階は，HMG-CoA 還元酵素の触媒する反応であり，この酵素を特異的に阻害する化合物（スタチン（statin）と総称されている）は高脂血症治療薬として広く使用されている。

2.2.3　MEP 経 路

　MEP 経路は 1990 年代後半に大腸菌を使って解明された。

　MEP 経路の出発物質はピルビン酸と D-グリセルアルデヒド3リン酸（D-GAP）であり，いずれも解糖系の中間体である。図 2.23 に示すように，まず，ピルビン酸と D-GAP がチアミン二リン酸（thiamine pyrophosphate）依存的に脱炭酸を受けて縮合し，1-デオキシキシルロース5リン酸（1-deoxyxylulose

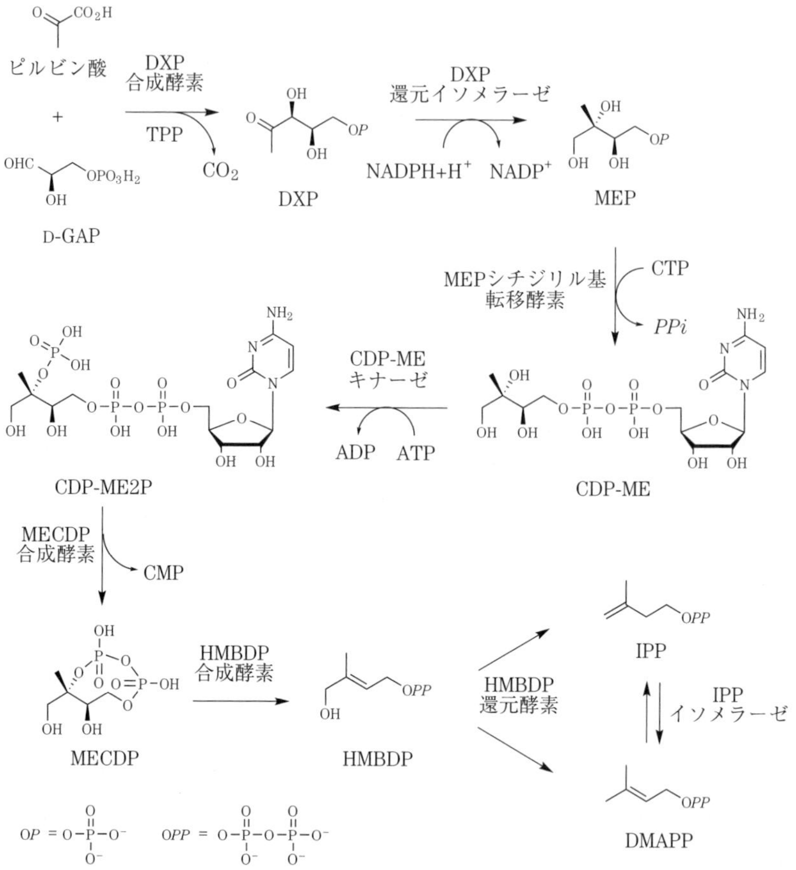

図 2.23　MEP 経路

5-phosphate, DXP)が生成する．ついで，DXP は DXP 還元イソメラーゼ (DXP reductoisomerase) の作用を受けて，異性化すると同時に NADPH 依存的に還元されて 2-C-メチルエリスリトール 4 リン酸 (2-C-methylerythritol-4-phosphate, MEP) に変換される．生じた MEP は，MEP シチジリル基転移酵素 (MEP cytidylyltransferase) によってシチジリル化を受けて，4-(シチジン 5'-リン酸)-2-C-メチルエリスリトール 4 リン酸 (4-(cytidine 5'-diphospho)-2-C-methylerythritol, CDP-ME) に変換され，さらに，その 2 位が CDP-ME キナーゼによってリン酸化を受けて 2-ホスホ-4-(シチジン 5'-リン酸)-2-C-メチルエリスリ

トール4リン酸（2-phospho-4-(cytidine 5'-diphospho)-2-C-emthylerythritol, CDP-ME2P）が生成する．つぎに，CDP-ME2Pはシチジン一リン酸（cytidine monophosphate, CMP）を放出しながら，二つのリン酸基で環状構造をつくり2-C-メチルエリスリトール2,4-環状二リン酸（2-C-methylerythritol 2,4-cyclodiphosphate, MECDP）に変換される．この変換反応を触媒する酵素がMECDP合成酵素である．生じたMECDPは，環構造を開くとともに脱水反応を伴って4-ヒドロキシ-3-メチル-2-ブテニル二リン酸（4-hydroxy-3-methyl-but-2-enyl diphosphate, HMBDP）に変換される．この変換反応を触媒する酵素がHMBDP合成酵素である．最後に，HMBDPはHMBDP還元酵素の作用によって，IPPとDMAPPに変換される．

MEP経路中のDXPはビタミンB_1とビタミンB_6の前駆体でもある．したがって，MEP経路特異的な最初の中間体はMEPであり，それゆえにMEP経路と呼ばれる．MEP経路では，1分子のIPPを生合成するために，1分子のNADPH，1分子のATP，1分子のCTPを必要とする．

それでは，ある生物の中でメバロン酸経路とMEP経路のどちらの経路が機能しているのかを調べるにはどうしたらよいだろうか．もちろん，その生物のゲノム配列が既知の場合には，メバロン酸経路とMEP経路のどちらの経路の遺伝子を持っているかを調べるだけでよい．しかし，ゲノム配列が解読されていない場合はどうすればよいだろうか．この場合，1位の炭素原子が安定同位体の^{13}Cで標識された［1-^{13}C］グルコースを使ったトレーサー実験を行うことで判別できる．グルコースは解糖系を経てD-GAPとピルビン酸に代謝され，TCA回路に入ったのちアセチルCoAに変換されることから，D-GAP，ピルビン酸，アセチルCoAの標識位置は**図2.24**のようになる．したがって，MEP経路でDMAPPが生成した場合には1位と5位が標識される．一方，メバロン酸経路でDMAPPが生成した場合には2位，4位，5位が標識される．対象とする生物の生産するテルペノイドを精製して，^{13}C NMRで標識位置を決めることで，メバロン酸経路とMEP経路のどちらの経路が機能しているのかを知ることができる．

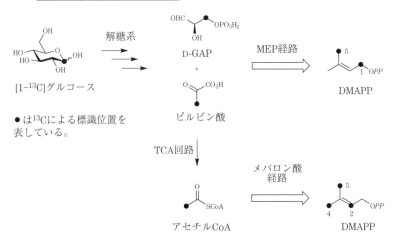

図 2.24 MEP 経路とメバロン酸経路における DMAPP の標識位置の違い

2.2.4 テルペノイド生合成機構

テルペノイドの共通の出発物質（前駆体）は，DMAPP と IPP という二つの単純な構造をもつ一次代謝産物であることは 2.2.1 項で述べた。それでは，テルペノイドの構造多様性は，これら二つの単純な出発物質からからどのようにして生まれるのであろうか。

テルペノイドの構造多様性は，**図 2.25** に示すように，IPP と DMAPP から出発しておもに，① プレニル基縮合反応（condensation），② プレニル基転移反応（transfer），③ 環化反応（cyclization），④ 修飾反応（modification）の四つの反応段階によって構築される。

〔1〕 **プレニル基縮合反応**　上述した GPP 合成酵素，FPP 合成酵素，GGPP 合成酵素による縮合反応であり，DMAPP に IPP が縮合することによって，それぞれ，炭素数 10 個の GPP，炭素数 15 個の FPP，炭素数 20 個の GGPP が生成する。

〔2〕 **プレニル基転移反応**　生成した GPP，FPP，GGPP が，ポリケチドなどの他の代謝物に転移されて融合化合物を与えることがある。テルペン骨格と他の骨格とが融合することで，さらに構造の多様性が拡大する。

〔3〕 **環 化 反 応**　テルペノイドの環化反応は，テルペノイドの生合成反

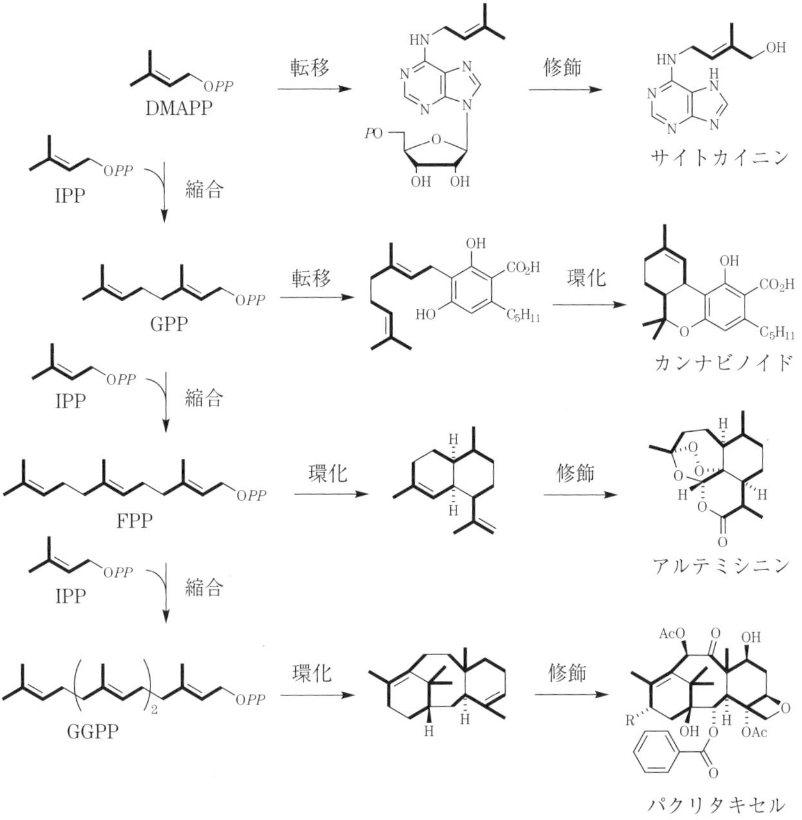

図 2.25 構造多様なテルペノイドの生合成機構の例

応の中で構造がもっとも大きく変化する反応段階である。この環化反応は，**図 2.26**に示すように，二リン酸（PPi）の脱離（図（a）），二重結合へのプロトン付加（図（b）），エポキシドの開環（図（c））のいずれかによるカチオン中間体の生成によって開始する。（図（b））の機構による環化反応では，カチオン中間体に二リン酸基が残っている。

これらの3種の環化反応の開始機構の中で，図（a）の二リン酸（PPi）の脱離によって開始する例が多い。**図 2.27**に示す epi-アリストロケン（epi-aristolochene）の生合成を例に典型的な環化反応を見てみよう。

上述したように，テルペン生合成における環化反応は多くの場合，ジリン酸

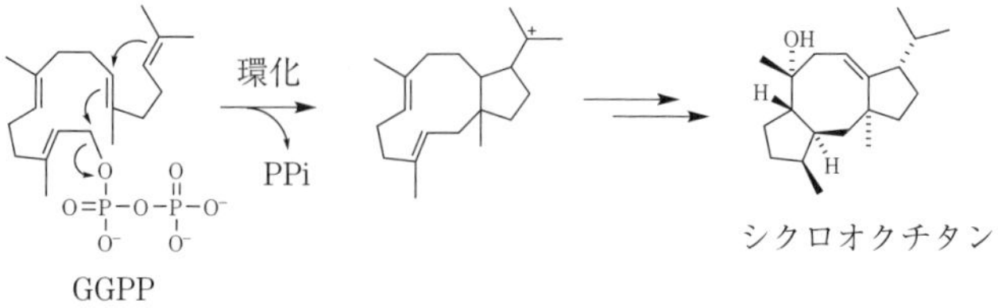

66   2. 生合成経路と天然物

(a) 二リン酸 (PPi) の脱離

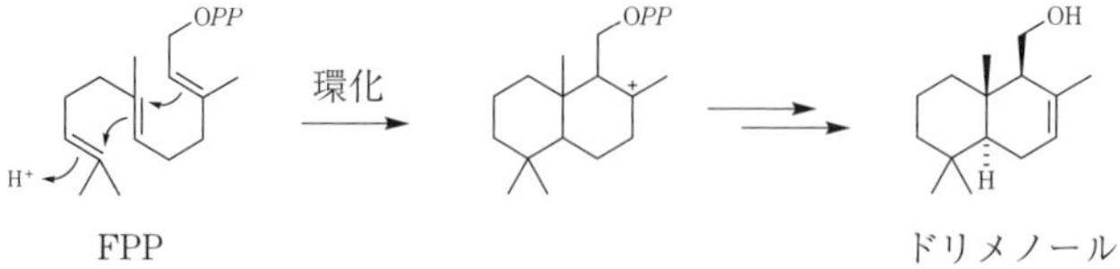

GGPP → シクロオクチタン

(b) 二重結合へのプロトン付加

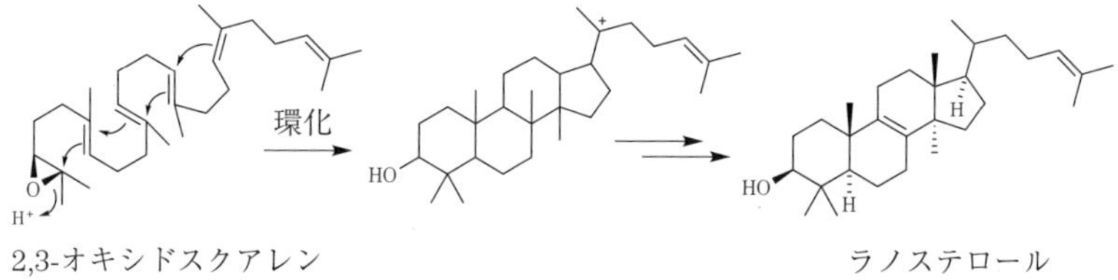

FPP → ドリメノール

(c) エポキシドの開環

2,3-オキシドスクアレン → ラノステロール

図2.26 テルペノイドの環化反応の三つの開始機構

基の脱離 (dissociation) から開始される。この脱離によって生じたカチオンを消去して中性物質となるように，脱水素 (deprotonation) やヒドロキシ化 (hydroxylation) が起こり，最終的に反応産物が生成する。その過程で，水素移動 (hydrogen shift) やメチル基転移 (methyl shift) が起こり，カチオンも移動していく。電荷をもたない中性物質に対して**プロトン付加** (protonation) が起こり，再びカチオン中間体が生じることもある。重要なことは，この一連のカチオン転移反応の過程で *epi*-アリストロケン合成酵素という一つの環化酵素によって正確に炭素－炭素結合が形成されるだけでなく立体化学も制御されることである。例えば，環の β 側（紙面の手前）にある水素やメチル基は，移動後も β 側に配向している。

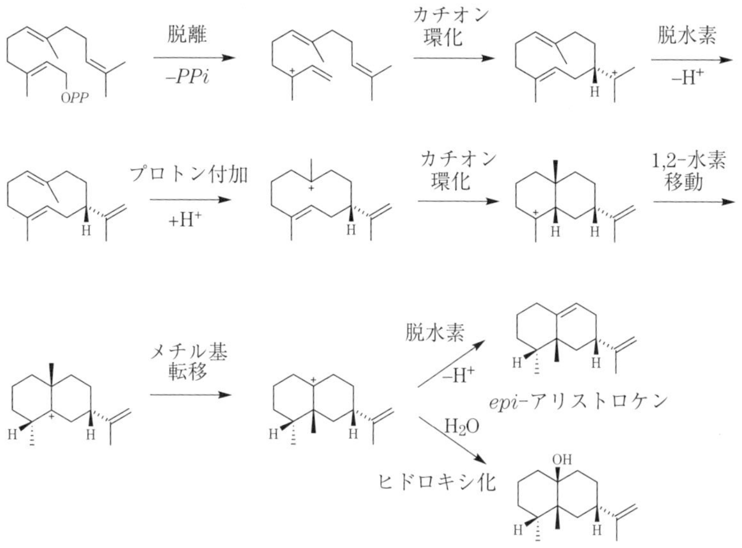

図 2.27　*epi*-アリストロケン合成酵素が触媒する環化反応

〔4〕**修　飾　反　応**　　テルペノイド生合成における修飾反応のうちよく見られる反応は，シトクロム P450 モノオキシゲナーゼによる酸化反応である．アルテミシニンの例からも分かるように，FPP の環化によって生成した中間体に酸素原子が導入されて高度に酸化されている．そのほかにも，アセチル化や配糖化反応によってもテルペノイドの構造多様性が生まれる．

以上，① プレニル基縮合反応，② プレニル基転移反応，③ 環化反応，④ 修飾反応の四つの反応段階の組み合わせにより，天然から 80 000 種以上単離されている最大の天然化合物群であるテルペノイドの構造多様性が生まれる．

―＜**Coffee Break**＞ "メバロン酸経路と MEP 経路の分布"――――――

　図 1 は，メバロン酸経路と MEP 経路の分布の概略を表したベン図である．ヒトを含めた動物，真菌類，古細菌はメバロン酸経路を利用している．植物の細胞質ゾルでもメバロン酸経路が働いている．一方，植物の葉緑体などのプラスチドでは MEP 経路が働いており，緑藻，マラリア原虫，ほとんどの細菌は，

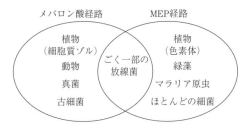

図 1 メバロン酸経路と MEP 経路の分布の概略

MEP 経路を利用している。ほとんどの細菌と書いたのは，*Staphylococcus aureus* など一部のグラム陽性細菌はメバロン酸経路を利用しているからである。さらに興味深いことに，放線菌の中には両方の経路をもっているものもごく一部存在する。多種の二次代謝産物を生産する放線菌は，進化の過程で両方の経路を獲得したのかもしれない。

このベン図からわかるように，MEP 経路を特異的に阻害するような化合物は，ヒトに対して副作用の少ない，抗菌剤や除草剤，抗マラリア剤になりうる。これまでに，ケトクロマゾン[13]（**図 2**（a））とホスミドマイシン[14]（図（b））が MEP 経路を特異的に阻害することが報告されている。化学合成品のケトクロマゾンは，DXP 合成酵素を，放線菌の二次代謝産物のホスミドマイシンは DXP 還元イソメラーゼを阻害する。ホスミドマイシンは抗マラリア活性を示すことも報告されている[15]。将来，MEP 経路を標的とした抗菌剤や抗マラリア剤が開発されるかもしれない。

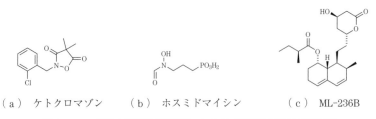

（a） ケトクロマゾン　　（b） ホスミドマイシン　　（c） ML-236B

図 2 MEP 経路の特異的阻害剤とメバロン酸経路の特異的阻害剤

メバロン酸経路の HMG-CoA 還元酵素の特異的阻害剤も存在し，実際に高脂血症治療薬として広く使用されている。HMG-CoA 還元酵素の特異的阻害剤として最初に発見された化合物は，1970 年代にアオカビの一種である *Penicillium citrinum* から単離された天然化合物，ML-236B（メバスタチン）（図（c））である[16]。

2.3 トリテルペンとステロイド

トリテルペンとステロイドは，ともに IPP と DMAPP から生合成された C_{30} 骨格を有するスクアレンから生合成される化合物群である。トリテルペンは植物，ステロイドは動物および植物に分布している。両者の構造はきわめて類似しているが，トリテルペンの 4 位のジメチル基や 14 位のメチル基がステロイドには存在しない。この脱メチル化反応は，除去されるメチル炭素の酸化とそれに続く脱炭酸によって進行する。**図 2.28** にトリテルペンとステロイドの構造の比較のため，トリテルペンとしてオイファンを，ステロイドとしてコレステロールを挙げた。

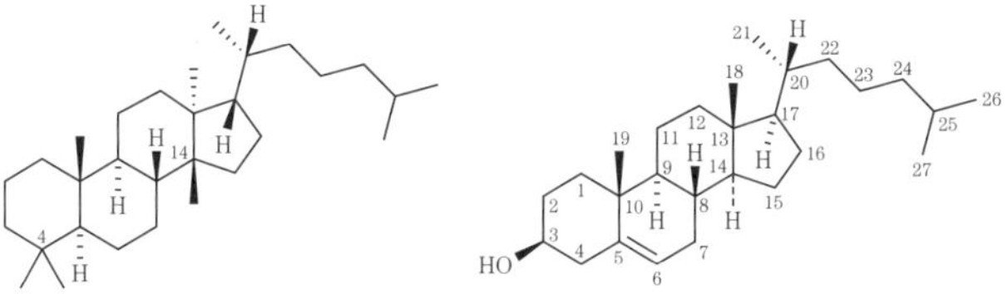

（a）オイファン
（トリテルペン）

（b）コレステロール
（ステロイド）

図 2.28 トリテルペンとステロイドの構造の比較

テルペノイドが IPP と DMAPP の head-to-tail 型の縮合により炭素骨格が生成されるのに対して，トリテルペンとステロイドは左右対称の炭素数 30 個のスクアレンを経由して生合成される。スクアレンは，東京工業試験場（現在の産業技術総合研究所の母体）の研究員だった辻本満丸（1877 ～ 1940 年）によって鮫の肝油から発見・命名された[17]。

2.2.1 項で述べたように，スクアレンは 2 分子の FPP が head-to-head で縮合したプレスクアレンを経て還元剤である NADPH 存在下で還元されて生合成される。スクアレン以後の反応には 2 種類ある。一つは，二重結合の 2 位へのプロトンの付加による 3 位のカチオン生成で開始し環化反応を受けてトリテルペンに変換される場合（2.3.1 項参照）であり，もう一つは 2 位と 3 位への酸

素付加による2,3-オキシドスクアレンを経由して環化反応を受けてトリテルペンあるいはステロイドに変換される場合（2.3.2項参照）である。後者の場合（こちらの反応例が多い），必ず3位にヒドロキシ基が残るのに対して，前者の場合には3位はメチレンとなる。いずれの環化反応の場合にも，環化を触媒する酵素によって折りたたまれるように閉環して環状化合物が生成する。このとき，基質であるスクアレンや2,3-オキシドスクアレンがとるコンフォメーションや，閉環の際に起こる水素移動やメチル基の転移などを伴う**協奏的環化反応**（concerted cyclization reaction）により，環状トリテルペンの骨格と立体化学の多様性が生じる。注目すべきは一つの環化酵素によって，この一連の環化反応が一挙に完了し，また立体化学も厳密に制御されて反応が進行することである。このように精密に生合成された構造多様性のため，トリテルペンは多様な生物活性を示す。

2.3.1 スクアレンからの環化反応

スクアレンを開始基質とする環化反応では，スクアレンの末端二重結合の2位へのプロトンの付加による3位のカチオン生成で開始しトリテルペンに変換

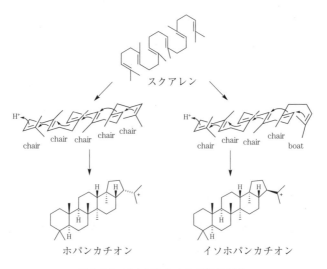

図 2.29 スクアレンからの環化反応

される（**図2.29**）。chair-chair-chair-chair-chair のコンフォメーションで閉環するとホパンカチオンが，chair-chair-chair-chair-boat の場合にはイソホパンカチオンが生じる。これらのカチオンを共通の中間体として類似骨格を有するホパノイドに変換される。

ある種のホパノイドは，放線菌，*Streptomyces coelicolor* A3(2) 株の気中菌糸の細胞膜に存在し，水の損失を抑えることで乾燥を低減していると考えられている[18]。

2.3.2 2,3-オキシドスクアレンからの環化反応

2,3-オキシドスクアレンの環化反応は，2,3-オキシドスクアレン環化酵素によって進行する。この環化反応は，chair-boat-chair-boat 型を経てステロイドのアルコール体であるステロールが生成する場合（**図2.30**）と，chair-chair-chair-boat 型を経てトリテルペンが生成する場合（**図2.31**）の2通りに分類される。

chair-boat-chair-boat 型2,3-オキシドスクアレンの環化反応では，プロトスタンカチオン（protostane cation）を生成した後，菌類ステロールと動物ステロールはラノステロール（lanosterol）を経由して，植物ステロールはシクロアルテノール（cycloartenol）を経由して生合成される（図2.30）。

図2.32に，プロトスタンカチオンを経由して生成した菌類，動物，植物の各種ステロール由来の代表的な生理活性物質を挙げる。

キノコ，真菌，酵母など菌類のステロールであるエルゴステロールは，これら生物の細胞膜の構成成分である。エルゴステロールは紫外線照射により，ビタミン D_2 に変換される。

脊椎動物の代表的なステロールであるコレステロールも，細胞膜の構成成分である。コレステロールは紫外線照射により，ビタミン D_3 に変換される。また，コレステロールは，男性ホルモンであるテストステロン（testosterone）や女性ホルモンであるエストラジオール（estradiol），胆汁酸などの中間体でもあり，重要な生体成分である。ヒトの胆汁酸の中では一次胆汁酸であるコール酸

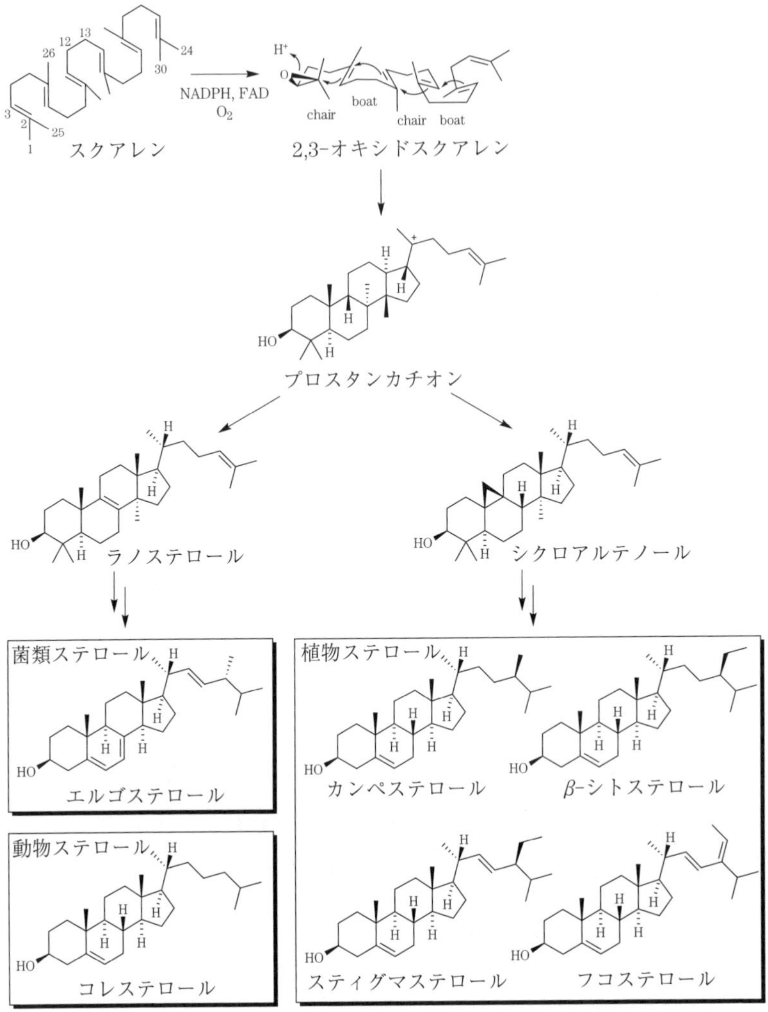

図 2.30 chair-boat-chair-boat 型 2,3-オキシドスクアレンの環化反応

(cholic acid) が最も比率が高く 80 % を占めており, 二次胆汁酸であるデオキシコール酸が 15 % と, つぎに多い。デオキシコール酸は, コール酸が腸内細菌の胆汁酸-7α-デヒドロキシラーゼにより脱ヒドロキシ化されて供給される。

植物の主要なステロールであるカンペステロール (campesterol), シトステロール (sitosterol), およびスチグマステロール (stigmasterol) はシクロアル

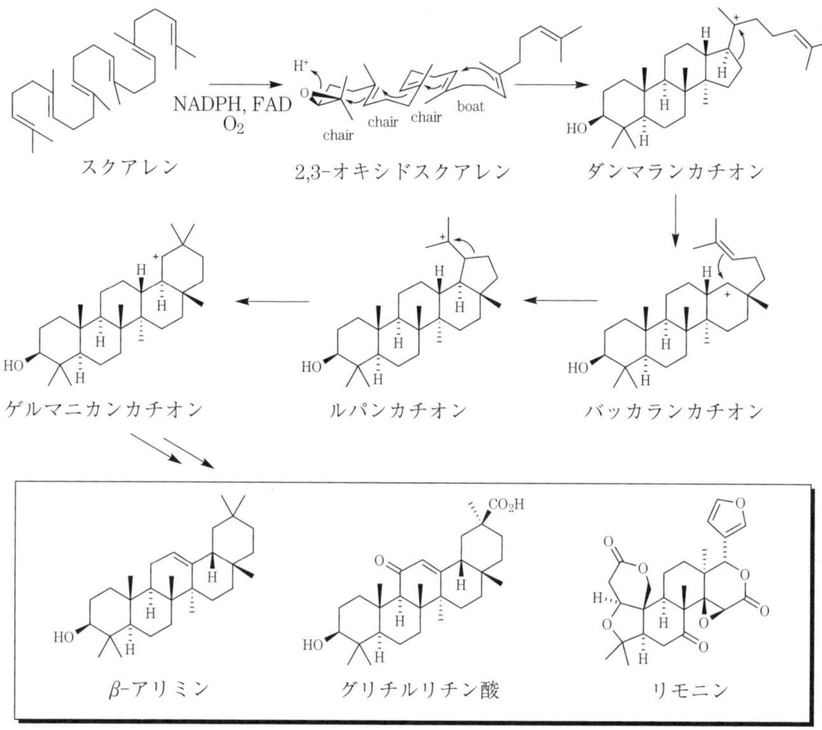

2.3 トリテルペンとステロイド

図 2.31 chair-chair-chair-boat 型 2,3-オキシドスクアレンの環化反応

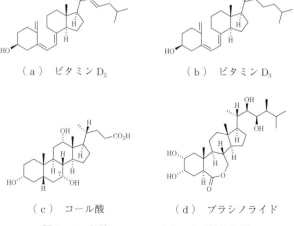

(a) ビタミン D_2　　(b) ビタミン D_3

(c) コール酸　　(d) ブラシノライド

図 2.32 各種ステロール由来の生理活性物質

テノールから生合成される。海草に含まれる代表的な植物ステロールであるフコステロール（fucosterol）もシクロアルテノールから生合成される。

植物ホルモン様ステロイドであるブラシノステロイド類はおもにカンペステロールから合成される。

chair-chair-chair-boat 型 2,3-オキシドスクアレンの環化反応では，ダンマランカチオン（dammarane cation）を生成したのち，2回の環拡大反応を経てさらに多様な基本骨格を形成する（図2.31）。これらのうち，グリチルレチン酸（glycyrrhetic acid）は漢方生薬として最も使用されているマメ科の甘草（*Glycyrrhiza uralensis*）の成分，グリチルリチン（glycyrrhizin）のアグリコン（非配糖部）である。リモニン（limonin）は，柑橘類（ミカン科）の苦味成分である。

2.4 テトラテルペン（カロテノイド）

テトラテルペン（tetraterpene）は，IPP と DMAPP から生合成された C_{40} 骨格を有するフィトエンから生合成される化合物群である（**図2.33**）。テトラテルペンはおもに**カロテノイド**（carotenoid）と呼ばれる色素群を含んでいる。カロテノイドとは，炭化水素のみからなる**カロテン**（carotene）とその酸素官能基が付加した**キサントフィル**（xanthophyll）の総称である。カロテノイドは，黄色，橙色，赤色の天然色素として微生物，植物，動物に分布しており，食品などの天然着色料として利用されている。

ビタミン A は，脂溶性ビタミンの中で最初に発見されたもので，左右対称な β-カロテンが中央部で切断されて生合成される。

高等植物における植物ホルモンの一つであるアブシシン酸は，高等植物においてはゼアキサンチン（zeaxanthine）を経由して合成される間接経路が主であると考えられている。一方，アブシシン酸を生産する植物病原菌もいくつか知られており，その生合成経路は，カロテノイドを経由せずに FPP からアブシシン酸を生合成する直接経路が主と考えられている。

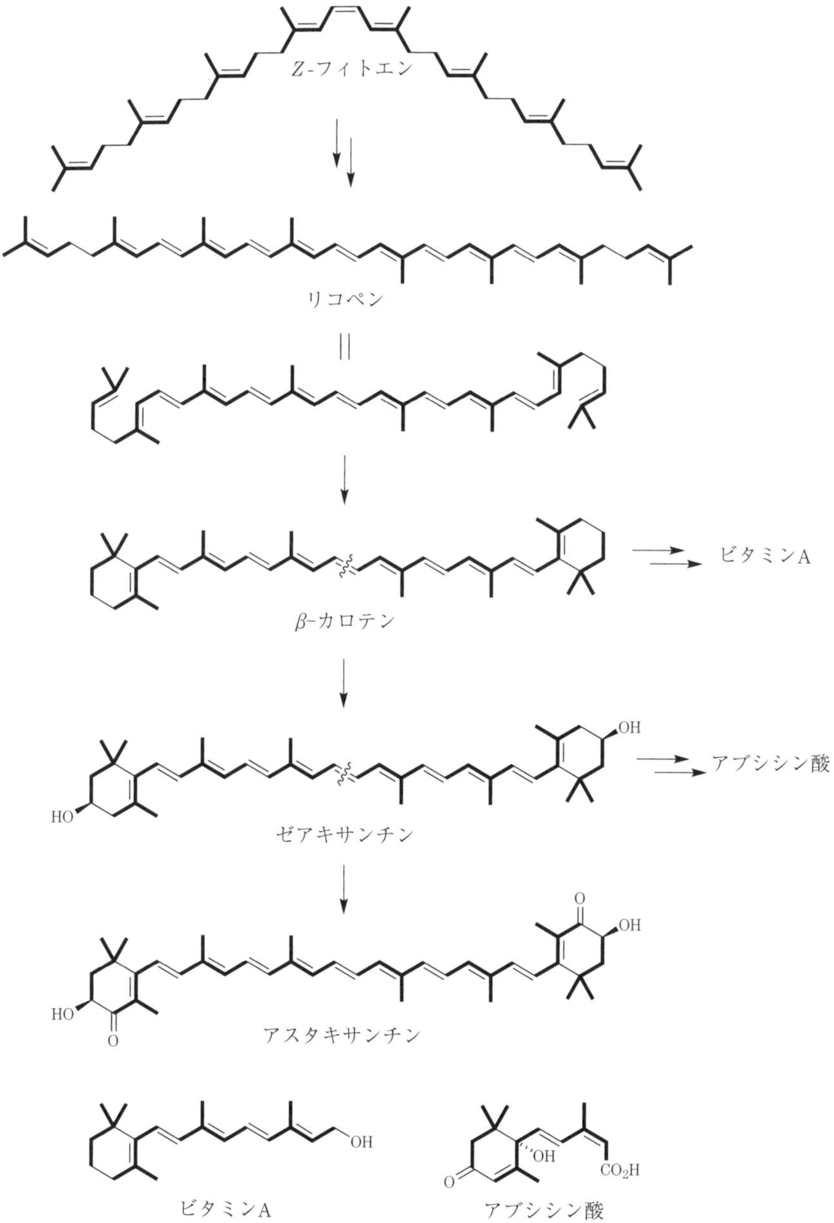

2.4 テトラテルペン（カロテノイド）

Z-フィトエン

↓

リコペン

‖

↓

β-カロテン　⟶ ビタミンA

↓

ゼアキサンチン　⟶ アブシシン酸

↓

アスタキサンチン

ビタミンA　　アブシシン酸

図 2.33 フィトエンからカロテノイドへの生合成経路

2.5 シキミ酸経路

シキミ酸(sikimic acid)は,日本原産のモクレン科植物,シキミ(*Illicium anisatum* L.)に含まれる。日本特有の香木として使われるが,種子には有毒物質が含まれている。シキミ酸は多くの植物に含まれており,フラボノイドやフェニルアラニン,チロシン,トリプトファンなどの芳香族アミノ酸の重要な中間体である(**図2.34**)[19]。

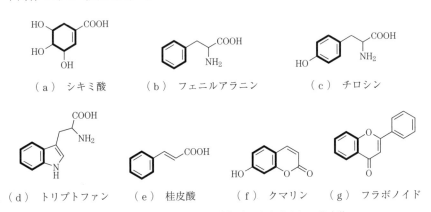

図 2.34 シキミ酸と,シキミ酸経路で生合成される化合物
(太線の炭素がシキミ酸に由来する単位となる)

2.5.1 シキミ酸経路

シキミ酸経路は,ホスホエノールピルビン酸(C_3,解糖系から生成する)とD-エリトロース-4-リン酸(C_4,ペントースリン酸経路から生成する)が出発物質となる[20](**図2.35**)。それらの縮合から生成するケト酸(C_7)は,脱リン酸化と環化を経て3-デヒドロキナ酸を生成する。3-デヒドロキナ酸からは,3-デヒドロシキミ酸を経てシキミ酸が,またシキミ酸経路において重要な中間体となるキナ酸が形成される。

シキミ酸(C_7)はホスホエノールピルビン酸との縮合,脱リン酸によってコリスミ酸となり,アントラニル酸を経てトリプトファンを生成する。コリスミ

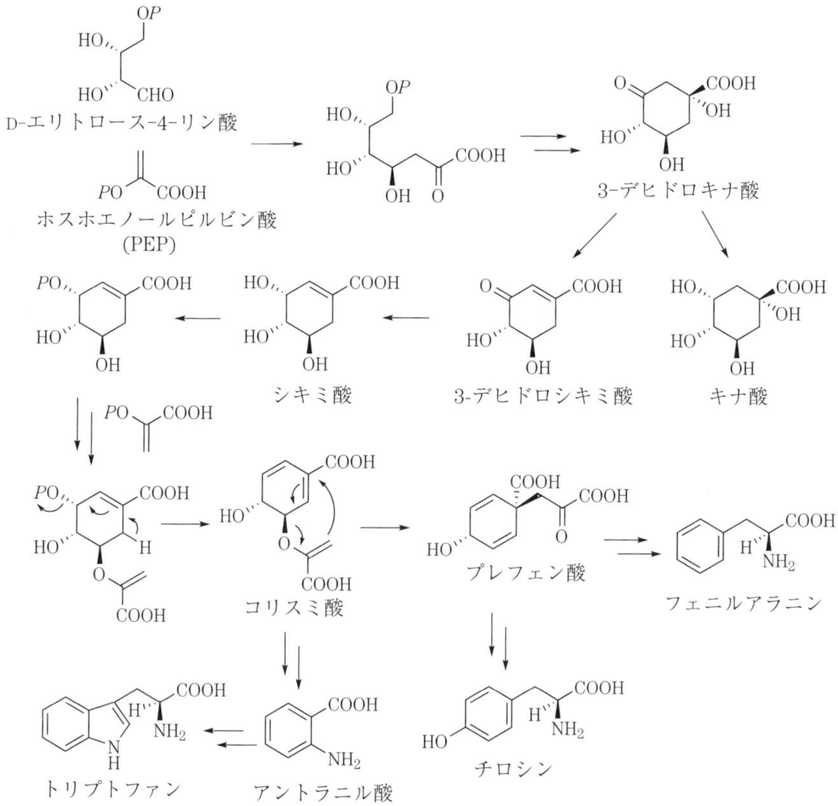

2.5 シキミ酸経路

図2.35 シキミ酸経路（概要）

(ホスホエノールピルビン酸と D-エリトロース-4-リン酸からシキミ酸，キナ酸，コリスミ酸，芳香族アミノ酸への経路。P はリン酸エステルを表す。)

酸は，クライゼン転位を経てプレフェン酸（C_7+C_3）となり，脱炭酸とアミノ化（アミノ基転移）を経て C_6+C_3 のフェニルアラニンやチロシンなどを生成する。これらの芳香環（C_6）に直鎖状プロパン（C_3）が結合した炭素骨格はフェニルプロパノイドと呼ばれ，香料などの原料として利用されるものが多い。また C_3 部分がラクトン環を形成するクマリン，C_6+C_3 単位が複数結合したリグナン，C_6+C_3 化合物が酸化して生成する C_6+C_1 のバニリンや安息香酸などもフェニルプロパノイドに属する。

2.5.2　*p*-アミノ安息香酸

コリスミ酸から生成する ***p*-アミノ安息香酸**（PABA：*p*-aminobenzoic acid）は，葉酸の構成成分である。葉酸はビタミンBに属する水溶性ビタミンの一種（B_9）で，アミノ酸および核酸合成に使われる。葉酸不足により貧血，免疫機能の減退，消化管機能異常などが見られる。特に妊娠中や授乳中には要求量が増加するため，摂取不足になりやすい。葉酸の代謝拮抗剤メトトレキサートは葉酸と類似の構造をもち，核酸合成を阻害して細胞増殖を抑える。抗がん剤，抗リウマチ薬などとして使用されている（**図 2.36**）。

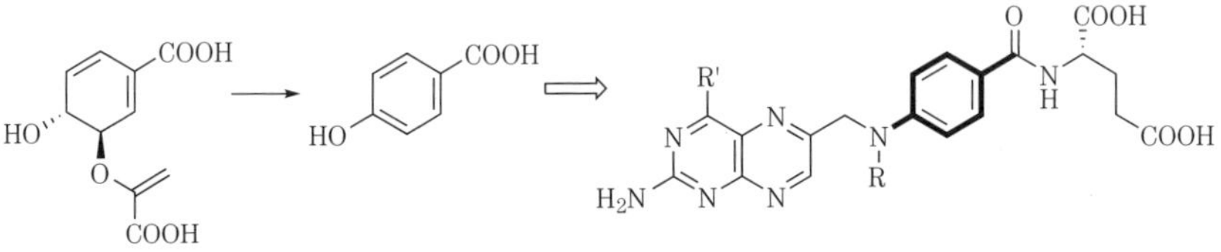

コリスミ酸　　*p*-ヒドロキシ安息香酸（PABA）　　葉酸（R=H，R'=OH）
メトトレキサート（R=CH_3，R'=NH_2）

図 2.36　PABAの生合成，葉酸とメトトレキサートの構造（太線部分がPABAに由来する）

2.5.3　フェニルアラニンからの生合成

フェニルアラニン（phenylalanine）は，ジヒドロキシフェニルアラニンを経由してドーパミンに誘導される（**図 2.37**）。ドーパミンは神経伝達物質および

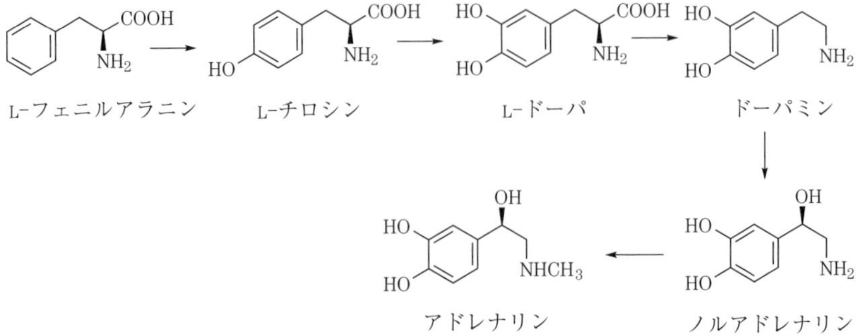

図 2.37　アドレナリンの生合成

2.5 シキミ酸経路　79

シグナル分子として働き，運動機能，認知機能などの中枢機能の調節に関与する。ドーパミンはノルアドレナリン，アドレナリンの前駆体となる。

アドレナリン（adrenarin，エピネフリン（米））は，おもに副腎髄質から分泌され，生体内において神経伝達物質またはホルモンとして働く。身体・精神状態を興奮させ，過度のストレスに対応し，低血糖時に分泌することで血糖値を上昇させる。運動能力を更新させるために「攻撃ホルモン」とも呼ばれる。

ノルアドレナリン（noradrenarin，ノルエピネフリン（米））は副腎以外にも，ほとんどの器官に分布する交感神経終末でも合成され，特に大脳皮質の情報伝達を行う神経伝達物質である。

2.5.4　ユビキノンの生合成

p-ヒドロキシ安息香酸から生合成されるユビキノン（コエンザイム Q）は，電子伝達系において呼吸鎖複合体 I（NADH 脱水素酵素複合体）から呼吸鎖複合体 III（シトクロム bc1 複合体）への電子伝達に寄与している。イソプレン側鎖数は，高等生物では 10，下等生物では 6〜9 と，生産する生物によって異なる（**図 2.38**）。医療用医薬品としての効果は実証されないため，健康食品や化粧品として利用される。

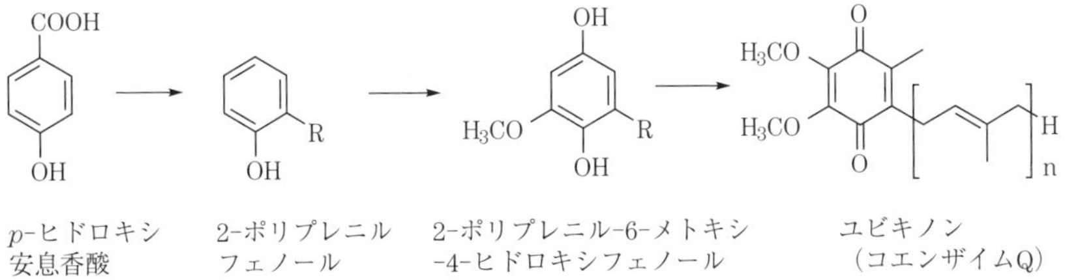

図 2.38　ユビキノンの生合成
（R は [　] 部分と同一）

2.5.5　リグナンとネオリグナンの生合成

図 2.39（a）のように芳香環（C_6）に直鎖状プロパン（C_3）が結合した C_6+C_3 を基本骨格の単位とするフェニルプロパノイドは，シキミ酸経路で生合

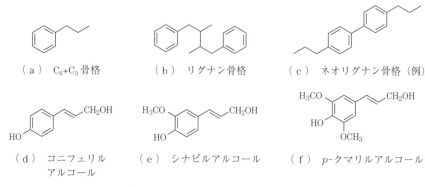

図 2.39 リグナン，ネオリグナンの前駆体

成される。2分子がβ-位の炭素で縮合したものをリグナン（図（b）），それ以外をネオリグナン（図（c））と呼ぶ。3分子，4分子が縮合した分子は，セスキリグナン，ジリグナンと呼ばれる。

リグナン（lignan）は植物に含まれており，エストロゲン様の活性を示すほか，抗酸化物質として作用する。コニフェリルアルコール（図（d）），シナピルアルコール（図（e）），p-クマリルアルコール（図（f））が二量体となって生成する。植物体では，グルコース配糖体として存在する場合もある。

アカゴマ（亜麻仁）やゴマは，リグナン類を豊富に含む。セコイソラリシレシノール，ラリシレシノール，ピノレシノール，セサミンが代表的な化合物である。**セサミン**（sesamine）は，シナピルアルコールから生成したラジカルが2分子縮合したピノレシノールを経由して生合成される（**図 2.40**）。モデル動物による実験では，転写因子の活性化・抑制を通して脂質代謝系酵素の遺伝子発現を変化させることにより，脂質代謝を改善しコレステロールを低下させることが示されている。

ポドフィロトキシン（podophilotoxin）は，ポドフィルム（*Podophyllum peltatum*）根茎に含まれる。チューブリンの重合を強く阻害し，微小管の形成が阻害される結果，細胞周期が停止する。ヒトパピローマウイルスによる尖圭コンジローマの治療に用いられる。ポドフィロトキシンの誘導体エトポシド，テニポシドなどは，抗腫瘍剤として使用されている。これらの誘導体はポドフィ

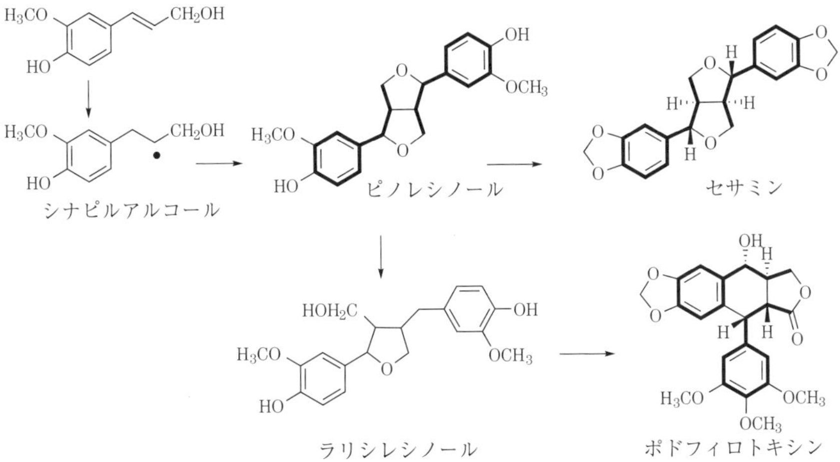

2.5 シキミ酸経路

図2.40 セサミンおよびポドフィロトキシンの生合成
（生合成単位を太線で示した）

ロトキシンと異なり，II型DNAトポイソメラーゼに結合してDNA複製を阻害する。ポドフィロトキシンは，ピノレシノールの一方のフラン環が開環したラリレノシノールを経て生合成される。

ネオリグナン（neolignan）は，コニフェリルアルコールのβ位以外のラジカルが結合して生成する。ホオノキ樹皮に含まれるマグノロールやホオノキオール，フウトウカズラに含まれるカズレノンなどがある（**図2.41**）。カズレノンは，強力な血小板活性化因子（PAF）アンタゴニスト活性を有し，抗リウマチ，抗喘息薬として使用されている。

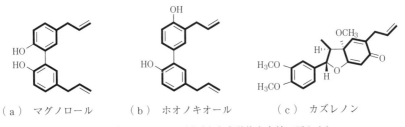

（a）マグノロール　　（b）ホオノキオール　　（c）カズレノン
図2.41 ネオリグナンの例（生合成単位を太線で示した）

2.5.6 シキミ酸類似経路（メタ C_7N 経路）

分子内 C_6+C_1 骨格を有する**ベルゲニン**（bergenin）（**図2.42**（a））は，フェニルプロパノイド（C_6+C_3）の C_3 側鎖が酸化によって切断したものである。また，放線菌が生産する抗生物質には，芳香環のメタ位にアミノ基を有するメタ C_7N 構造を有するものがある。抗結核薬のリファンピシンSVの合成原薬リファマイシンB（図（b）），抗がん剤のゲルダナマイシン（図（c））にも見出せる。

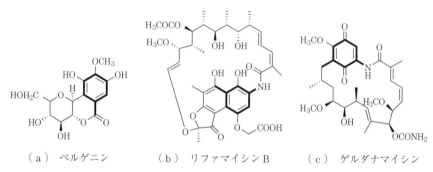

（a）ベルゲニン　　（b）リファマイシンB　　（c）ゲルダナマイシン

図2.42　ベルゲニンおよびメタ C_7N 単位を含む抗生物質
（生合成単位を太線で示した）

（**参考**）　リグニン

フェニルプロパノイド（*p*-クマリルアルコール・コニフェリルアルコール・シナピルアルコール）がラジカルカップリングによって重合した，木材中によく見られる高分子のフェノール性化合物である。

2.6　フラボノイド

フラボノイド（flavonoide）は，シキミ酸経路で生合成されるカルコンを経由して生成する植物の二次代謝産物ポリフェノールの総称である。高等植物の花や果実の色素である。数多くの化合物があるため，最初に代表的な骨格をもつ化合物を**図2.43**に示しした[19]。

2.6 フラボノイド

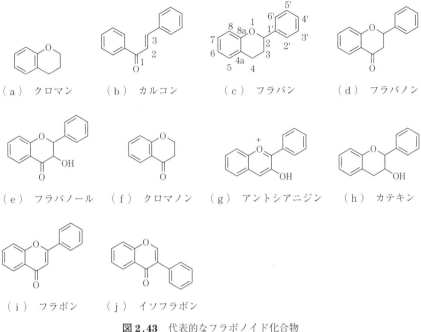

図 2.43 代表的なフラボノイド化合物

クロマンとクロマノンは，シキミ酸経路で生合成されるフェニルプロパノイド（C_6+C_3）である。フェニル化したカルコンは，フラボノイドに共通する$C_6+C_3+C_6$の炭素鎖をもつフラボノイド生合成経路の出発物質である。閉環したフラバンは，酸化されてフラバノン，フラボン，フラバノール，カテキンを生成する。フェニル基の位置異性体イソフラボンもまた，重要な生合成中間体である。アントシアニジンとその配糖体アントシアニジンは，花の色成分として機能する物質である。

2.6.1 フラボノイドの生合成

アントシアン（anthocyan）は赤～紫～青色を呈する色素で，アントシアニジンとその配糖体アントシアニンの総称である。**アントシアニジン**（anthocyanidin）はベンゾピリリウムイオンを骨格とし，フェノール性ヒドロキシ基が置換している。これらの一部がグルコース，ガラクトース，ラムノースなど

と結合した配糖体として存在する。通常みられるのはペラルゴニジン，シアニジン，デルフィニジン，そしてメチル化されたペオニジン，ペチュニジン，マルビジンの6種類である（**図2.44**）。これらアグリコンの色調は芳香環のヒドロキシ基の数によって変化し，ヒドロキシ基が多いほど青色（深色）にシフトして紫色になる。

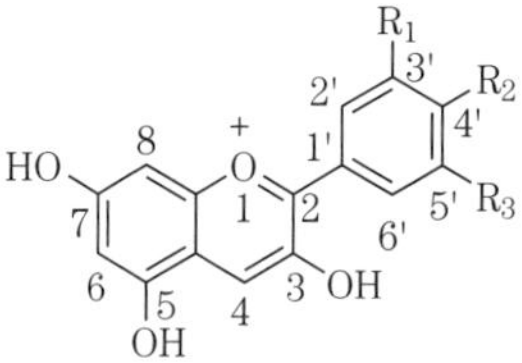

アントシアニジン	R_1	R_2	R_3
ペラルゴニジン	H	OH	H
シアニジン	OH	OH	H
デルフィニジン	OH	OH	OH
ペオニジン	OCH_3	OH	H
ペチュニジン	OH	OH	OCH_3
マルビジン	OCH_3	OH	OCH_3

図2.44 アントシアニジン類縁体の代表的な構造
〔環上酸素の＋はピリリウム環で，対イオンは塩化物イオンの場合がほとんどである〕

フラボノイド生合成の出発物質となるカルコンは，1分子のクロマロイルCoAと3分子のマロニルCoAが縮合するポリケチド経路で生合成される。生成するテトラヒドロキシカルコンは，閉環してナリンゲニンあるいはオーレウシジンを，配糖体としてカルコングルコシド（黄色）を，ナリンゲニンからはジヒドロケンフェロールを経由してシアニジン（赤～紅），ペラルゴジニン（橙～赤），デルフィニジン（紫～青）を生成する[19]。（**図2.45**）。

2.6.2　花の色とフラボノイド

植物の色素は，きわめて単純な構造（ヒドロキシ基の数）とpHの違いで変化するが，発色のメカニズムはきわめて複雑で精緻に制御されている（本節末の〈Coffee Break〉"Japanese Unlock Mysteries of Plant Color"　参照）[19,20,21]。植物の色素はフラボノイド（黄～赤～青色）のほかにもカロテノイド（テルペノイド；黄～橙，赤色），ベタレイン（芳香族インドール誘導体；黄～紫色），クロロフィル（テトラピロール環＋フィトール；緑色）がある。アントシアニ

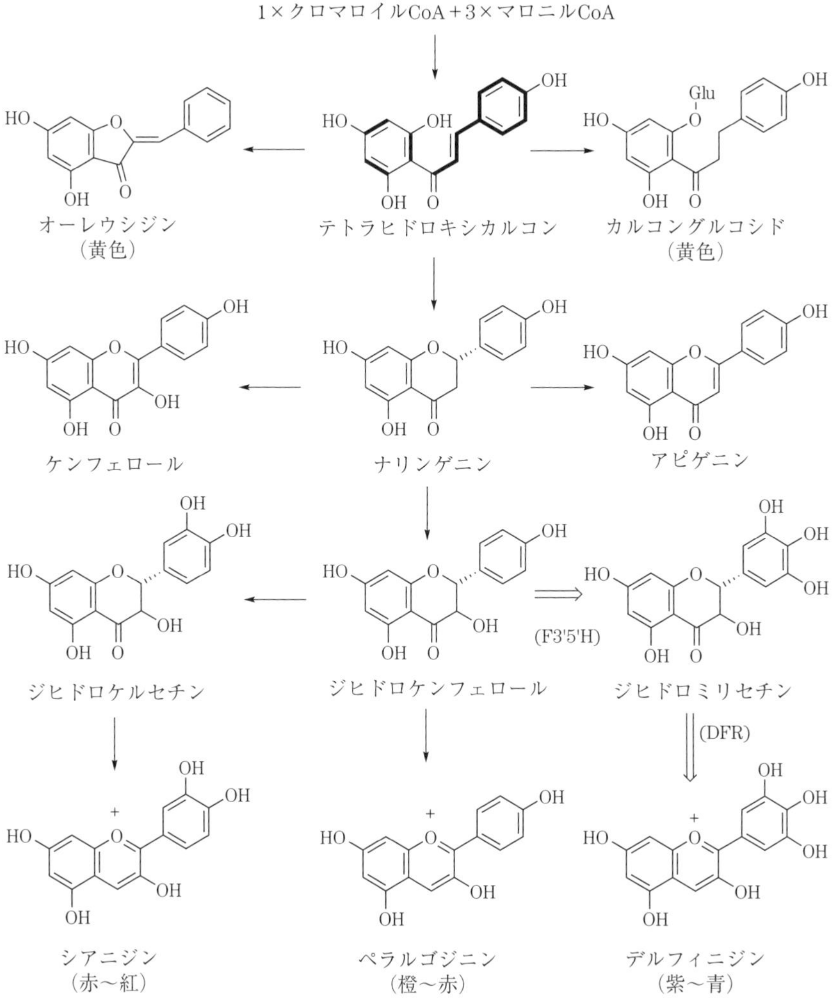

図 2.45 テトラヒドロキシカルコンからの各種色素への変換[19)]
(F3'5'H：フラボノイド 3',5'-ヒドロキシラーゼ)
(DFR：ジヒドロフラボノールレダクターゼ)

ンはpHが変化すると色が変化し，一般に酸性では赤色，塩基性では青色となる。
　アジサイの発色はデルフィニジン 3-グルコシドによるが，酸性土壌では青色，塩基性土壌では赤色を呈することがよく知られている。デルフィニジンと

アルミニウムと結合すると青色になるため，土壌中のアルミニウムと結合するか否かで決まるが，さらに，共存する色素（フラボン）との分子会合などで色調が変化する。

青色を発色するデルフィニジンは，アントシアニジンの R_1, R_2, R_3 にヒドロキシ基が結合している（図2.45）。植物がデルフィニジンを生合成するためには，ジヒドロケンフェロースからジヒドロミリセチンに至る過程でフラボノイド-3',5'-ヒドロキシラーゼ（F3'5'H）を必要とする。カーネーションはこの酵素の遺伝子をもっていないため，交配によってデルフィニジンをつくることはできない。青いバラや青いカーネーションの作出には，ペチュニアのフラボノイド-3',5'-ヒドロキシラーゼ遺伝子（DFR）を遺伝子組換えで導入した。さらに，ペチュニアのジヒドロフラバノール4-レダクターゼを導入して青色のカーネーションを作出した[21]。このような遺伝子組換え技術を使い，青いバラ[22]，青いキク[23]，などがつくられている。花の色を自在に変えることは，人類の夢の一つである。在来種の交配による試みは古来より行われてきているが，新しい花色の作出には限界があった。遺伝子組換え技術を使った方法は，バイオテクノロジーによる新しい植物育種のアプローチの成果である。

2.6.3 フラボン

2-フェニルクロモン（1,3-ジフェニルプロパン）を基本構造とするフラボンやフラボノール類は配糖体として見出されることが多く，植物の花，葉，根など植物体全体に含まれる白から淡黄色を示す色素である（**図2.46**）。アントシアニン同様液胞に存在し，アントシアニンと共存すると補助色素（コピグメント）として働く。

〔1〕ケルセチン（クェルセチン）　**ケルセチン**（quercetin）とその配糖体は植物に最も広く分布するフラボノイドである（**図2.47**(a)）。ケッパー（フウチョウボク），りんご，お茶，その他葉菜類，柑橘類に多く含まれる。小動物実験ではケルセチンと配糖体には強い抗酸化作用，抗炎症作用の報告がある。

〔2〕ル　チ　ン　**ルチン**（rutin）（図(b)）は，特にダッタンソバの

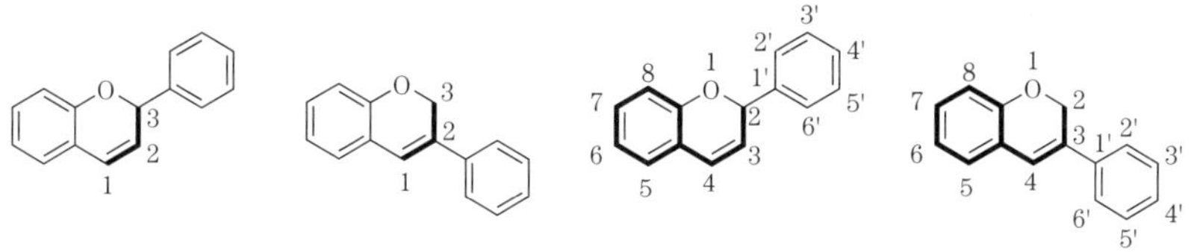

2.6 フラボノイド　87

(a) 1,3-ジフェニルプロパン　(b) 1,2-ジフェニルプロパン　(c) 2-フェニルクロモン（フラボン）　(d) 3-フェニルクロモン（イソフラボン）

図 2.46　フラボンとイソフラボンおよびそのナンバリング

（1,3-ジフェニルプロパンおよび1,2-ジフェニルプロパンは，プロペンに主番号を振り，2-フェニルクロモンおよび3-フェニルクロモンはクロモンに主番号を振る）

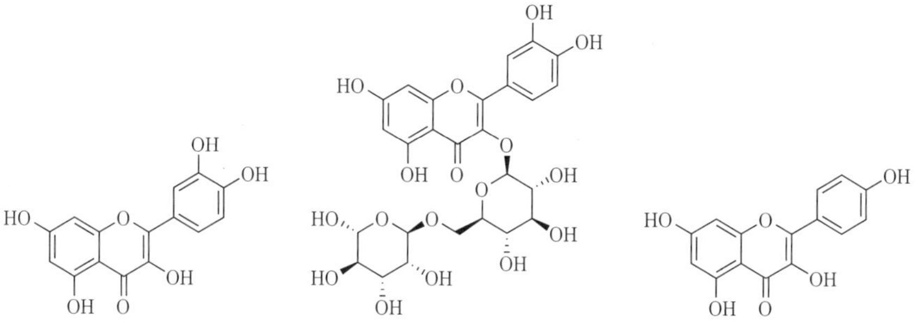

(a) ケルセチン　(b) ルチン　(c) ケンフェロール

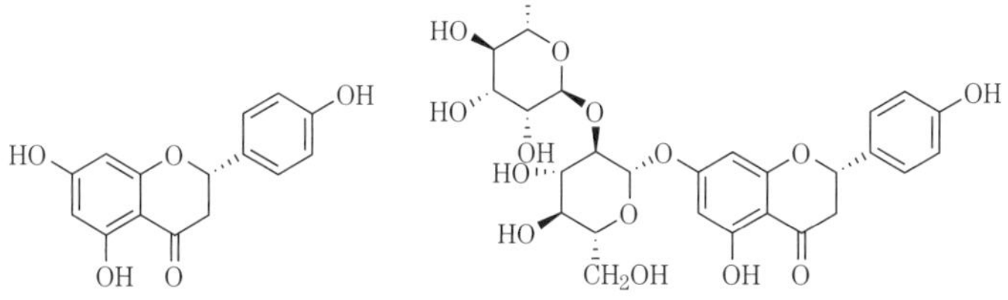

(d) ナリンゲニン　(e) ナリンギン

図 2.47　フラボン類縁体

実に多く含まれており，「健康に良い」とされてケルセチンとともに多くの生薬やビタミン剤の成分として使用される。抗炎症効果や血流改善効果については，小動物実験では多くの報告例がある。

〔3〕**ケンフェロール**　ケンフェロール（kaempferol）（図(c)）は，ケ

ルセチンについで広く分布し、ノイバラの果実には配糖体が多く含まれ、瀉下薬として用いられる。

〔4〕 **ナリンゲニンとナリンギン** フラバノンに属する**ナリンゲニン**（naringenin）（図（d））は、グレープフルーツ、オレンジなどに含まれる。抗酸化作用、抗炎症作用、抗ウイルス作用などの報告がある。配糖体の**ナリンギン**（naringin）（図（e））もグレープフルーツやウンシュウミカンなどの柑橘類に多く含まれる。シトクロムP450の阻害活性、抗アレルギー作用などが報告されている。

2.6.4 オーレウシジン、オーロン

オーレウシジン（aureusidin）は、ダリア、コスモス、キンギョソウの鮮やかな黄色を呈するフラボノイド化合物であり、**オーロン**（aurone）はそのグルコース配糖体である。テトラヒドロキシカルコンからオーレウシジンへの変換（酸化、脱水、ヒドロキシ化）は、単一の酵素が行う[24]（**図2.48**）。

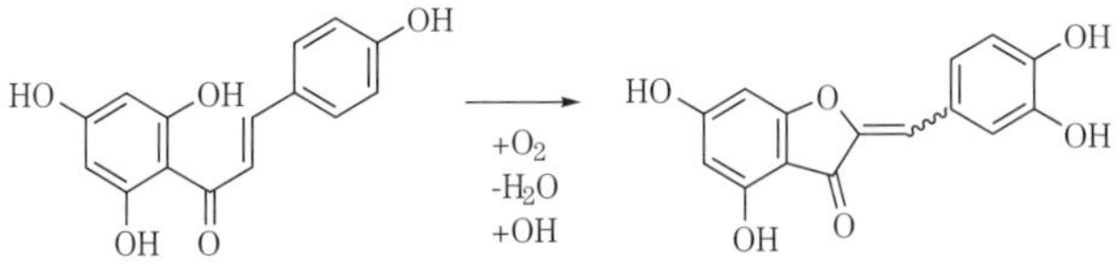

図2.48 テトラヒドロキシカルコンからオーレウシジンへの変換

2.6.5 イソフラボン類

イソフラボン（isoflavone）はマメ科植物（ダイズ、クズ）に多く含まれて

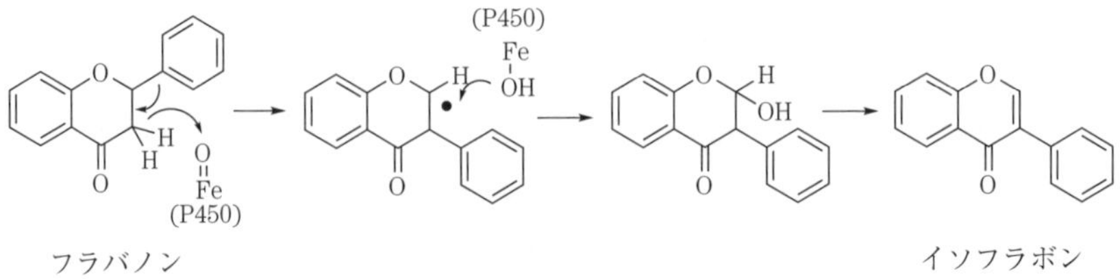

フラバノン　　　　　　　　　　　　　　　　　　　　　　　　　イソフラボン

図2.49 イソフラボンの生合成経路

おり，フェニル基が転移した3-クロモン（1,2-ジフェニルプロパン）（図2.46（b），（d））を基本骨格とする．酸化酵素シトクロム P450 によるフラバノンの3位の水素の引き抜きと，それに続く2位のフェニル基の転位反応によって生成する（**図2.49**）．

ゲニステイン，グリシテイン，ダイゼインなどのダイズの主要なイソフラボ

< **Coffee Break** > "Japanese Unlock Mysteries of Plant Color"

アメリカ化学会の機関紙 *Chemical and Engineering News* 1985 年 6 月 3 日号は，「花の色の不思議を日本人化学者が解決」のタイトルで名古屋大学と東北大学の研究者の結果を紹介している[25]．

花や果実，紅葉の色素アントシアニンの塩基性ベンゾピリリウム構造が 70 年の時を経て明らかになった．このような色素に関する膨大な研究にもかかわらず，二つのミステリーが残されていた．第1の疑問は，同じ芳香環が植物を赤〜紫の全色で色を付ける方法である．第2の疑問は，これらの色素が pH3〜pH6 の範囲で試験管内ではすぐに脱色するのに植物体内では色を保つ方法である．日本人化学者は，安定化と色の変化のさまざまなメカニズムを明らかにした（図）．

図

アントシアニンは，赤〜紫の全色で連続的に色を示す．強酸性では赤色にフラビニウムイオン型，中性ではアンヒドロ塩基の紫色，塩基性ではアンヒドロ塩基アニオン型の青色を呈する．フラビニウムイオンは水和してプソイド塩基となり退色する．これらの平衡は，実際には溶液の pH のほかに共存物質，金属イオン，さらには他の芳香環との相互作用なども影響することが明らかにされている[26]．

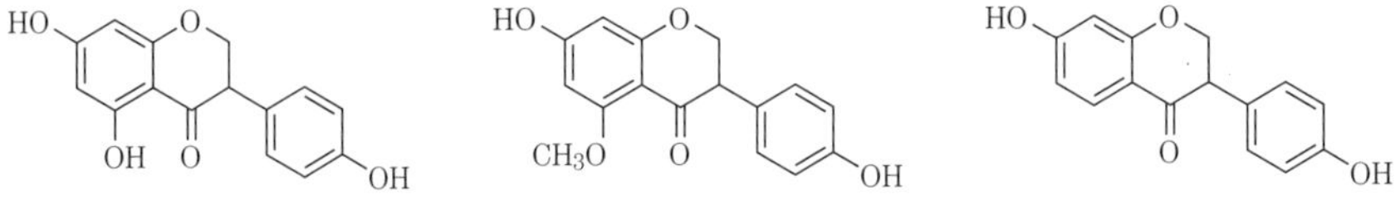

(a) ゲニスライン　　　(b) グリシテイン　　　(c) ダイゼイン

図 2.50 ゲニステイン，グリシテイン，ダイゼインの構造

ン類には抗酸化作用がある。これらのダイズイソフラボンは，女性ホルモンのエストロゲン（卵胞ホルモン）受容体（ER）に結合してアゴニストとして作用する。そのため，乳がんや子宮がんの進行の抑制や，また血管新生の阻害作用によるがん細胞の増殖抑制が期待される（**図 2.50**）。

2.7　香料と芳香化合物

　自然界には多くの香りが満ちており，人はそれから季節を感じるなど，多様な刺激と情報を得ている。ミツバチは，植物の香りを情報源として花を探知して蜜を集める。また，一部の動物も香りを使って繁殖行動を図っている。香料は，その使用目的によって食品や飲料に付与することを目的とするフレーバー（食品香料）と，食品以外のものに香りを付けるフレグランス（香粧品香料）に大別される。

　香料には，エーテル類，エステル類，アルデヒド類や誘導体，およびオイゲノール，オクタナール，シトロネロール，バニリン，メントールといった天然物などがある。これらは天然から抽出したものと化学的に合成したものの両方が使われている。一般に，合成物は化学的に純粋なものが多く，一方天然物は多くの化合物を含む混合物である。そのため，天然物のほうがより複雑な風味と香りをもつことがある。

　香粧品香料は時間とともに変化する。最初の10分間位は揮発性の高いフレッシュな爽快感のトップノート（柑橘系などの揮発性の高い成分），つぎの1時間くらいは香水の特徴や個性となるミドルノート（フローラル系の華やかな香り），持続する香りのベースノート（ムスクなどの官能的な香り）で構成される。

2.7 香料と芳香化合物　91

保存料，甘味料，着色料，香料などの食品添加物は，食品衛生法で成分の規格や，使用の基準を定められた指定添加物だけを使用することができる[27]。

2.7.1　バニリン：芳香族アルデヒド類

図2.51（a）の**バニリン**（vanillin）はアイスクリーム，チョコレートやココアなどに使用されるバニラの香りの主要成分で，香水にも使用される。市場の99％が合成品で，天然物の利用は少ない。ただし，天然バニラに含まれるさまざまな風味と香りの成分は250〜500種類に及ぶと推測される。

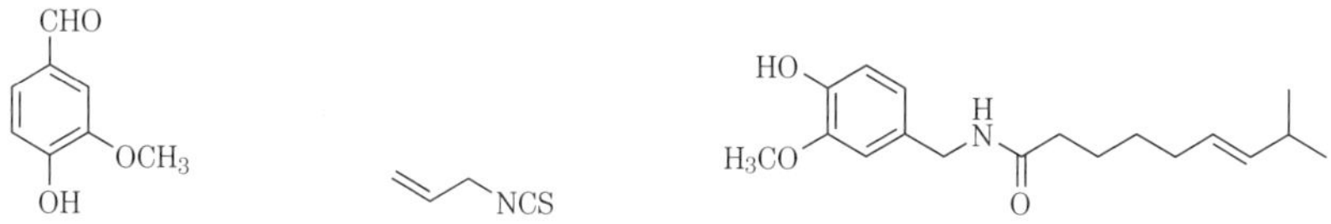

（a）　バニリン　　（b）　イソチオシアン酸アリル（AITC）　　（c）　カプサイシン

図2.51　バニリン，イソチオシアン酸アリル，カプサイシンの構造

2.7.2　イソチオシアン酸アリル：イソチオシアネート類

図（b）の**イソチオシアン酸アリル**（**AITC**）は**イソチオシアネート類**に属し，ワサビや大根の辛味成分となる有機硫黄化合物である。カラシ油配糖体（シニグリン）として存在し，植物がすりおろされて細胞が破壊されるとミロシナーゼの働きで生成する。食欲増進と消化促進効果，血栓予防効果，抗菌作用のほか，胃がん抑制効果が確認されている。

唐辛子の辛味成分カプサイシン（図（c））は，イソチオシアン酸アリルと風味が異なる。バニリルアミンと脂肪酸がアミド結合したカプサイシノイドと呼ばれるアルカロイドの一種で，バニリル基が細胞膜のバニロイド受容体TRPV1に結合し，灼熱感（焼け付く痛み）を引き起こす。

2.7.3　サリチル酸メチル：エステル類

図2.52（b）の**サリチル酸メチル**は**エステル類**に属し，ミズメ（*Betula*

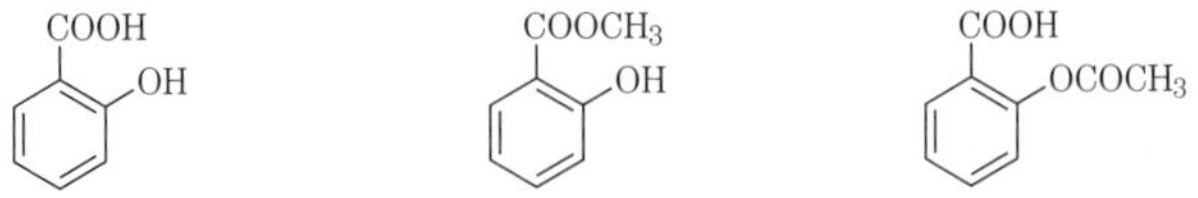

(a) サリチル酸   (b) サリチル酸メチル   (c) アセチルサリチル酸（アスピリン）

図 2.52　サリチル酸メチル類の構造

grossa），シラタマノキ（*Gaultheria pyroloides*），イチヤクソウ科（*Pyrolaceae*）などの植物に多量に含まれ，特有の芳香を放つ．低濃度ではさまざまな製品の香料にも用いられている．高濃度では，貼付剤として関節痛・筋肉痛などに広く用いられる．体内ではサリチル酸や他のサリチル酸エステル類に代謝されるため，非ステロイド性抗炎症薬 NSAIDs として作用する．

ヤナギの鎮痛作用はギリシャ時代から知られており，その有効成分としてサリチル酸（図 (a)）が分離された．1897 年，フェリックス・ホフマン（Felix Hoffman）はサリチル酸をアセチル化し，アセチルサリチル酸（アスピリン）を合成した．アスピリン（aspirin）（図 (c)）は，シクロオキシゲナーゼ（COX-1, 2）をアセチル化し，不可逆的に阻害する．

2.7.4　リナロール，ゲラニオール，ネロール：アルコール類

リナロール，ゲラニオール，ネロールは若干の香りの違いをもつ異性体で，いずれもバラ精油の香り成分である．リナロールは揮発性があり，沈丁花の甘い爽やかな香りをもっている．ビールの原料，ホップにもリナロールが含まれている．ゲラニオールはローズ系調合香料，食品香料として広く用いられる．ネロールは新鮮なバラ香があり，香料に用いられる（**図 2.53**）．

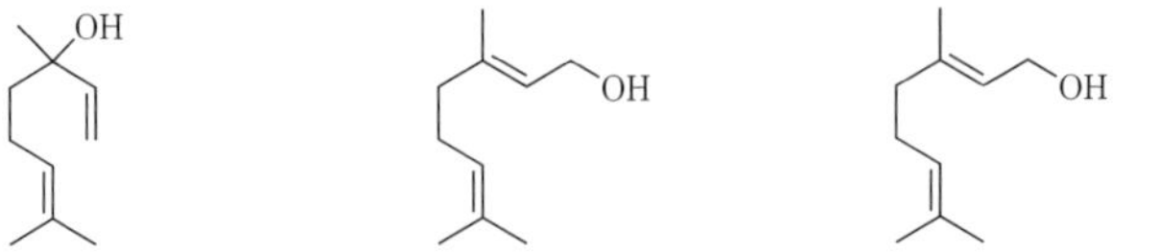

(a) リナロール　　(b) ゲラニオール　　(c) ネロール

図 2.53　モノテルペンアルコール類の香料

2.7.5　メントール：モノテルペンアルコール類

メントールはモノテルペン類（図2.54）に属し、ハッカやミントに含まれ、独特の清涼感と香りをもつため、古くから医薬品にも利用されている。メントールが受容体活性化チャネル（TRPM8）を刺激すると、冷感を引き起こす。一般的なうがい薬の成分でもあり、軽い咽頭炎や口・喉の弱い炎症の軽減、かゆみを止める鎮痒薬、筋肉痛や捻挫などの症状を緩和する配合剤などにも使われる。タバコの香り付け目的で添加剤として使われている。天然物のメントールは（1R,2S,5R）の（−）-メントール（図（b））であるが、ほかにも多くの異性体が存在する。

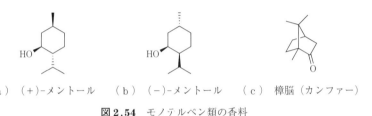

（a）（+）-メントール　　（b）（−）-メントール　　（c）樟脳（カンファー）

図2.54　モノテルペン類の香料

2.7.6　樟脳（カンファー）：モノテルペンケトン類

図2.54（c）の樟脳は、クスノキの葉や枝などからはD(+)体が得られる。工業的には、現在は（+）-$α$-ピネンより合成されるL(−)体が合成される。頭痛、筋肉痛、肩こりなどに効果的で、鼻づまりなどの呼吸器官の症状を和らげる働きがある。風邪、インフルエンザ、気管支炎、咳などに効果がある。衣類の防虫剤として使用されている。

2.7.7　ムスク（麝香）：ケトン類

図2.55のムスク（麝香）は、雄のジャコウジカの腹部にある香囊（ジャコウ腺）から得られる分泌物を乾燥した香料、生薬である。ジャコウネコやジャコウネズミなども、麝香様の香りをもつ。薬理作用としては、興奮作用や強心作用、男性ホルモン様作用をもつとされ、日本の伝統薬・家庭薬にも使用される。麝香の特徴的な香気成分は、15員環の大環状ケトン、ムスコン（3-メチ

ルシクロペンタデカノン)であり,そのほかに微量成分として多数の大環状化合物が発見されている。

章末問題

【1】 図2.25のアルテミシンとパクリタキセルの構造中のイソプレンユニットの繋がりを例にして,図2.17と図2.18のそれぞれのテルペノイドのイソプレンユニットの繋がりを考えよ。

【2】 本文では,メバロン酸経路とMEP経路とのどちらの生合成経路が機能しているかを調べる方法として [1-^{13}C] グルコースを利用したトレーサー実験について説明した。[2-^{13}C] グルコースを使用した場合には,IPPとDMAPPのどの炭素が標識されるか考えよ。

【3】 カビの一種 *Phialophora lagerbergii* が生産するフラビオリンの構造は,機器分析では**問図2.1**(a)または図(b)のいずれとも判断することが困難である。5分子のマロニルCoAから生合成されるとするとき,いずれの構造が妥当であるか,その根拠を示せ。

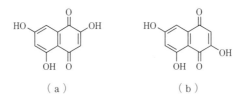

問図2.1

【4】 ヒドリドシフトおよびワーグナー・メーヤワイン転位について調べよ。

【5】 *Streptomyces* 属の放線菌から単離されたペンタレノラクトン(**問図2.2**)は,メバロン酸からフェルネシル二リン酸を経由して生合成されるフムレンを中間体とする。この過程で,ヒドリドシフトおよびメチル基の転移,酸化による環拡大反応を含んでいる。生合成経路を推測せよ。

OH
SCoA
OPOP
COOH
COOH
フムレン
ペンタレノラクトンG
ペンタレノラクトン

問図 2.2

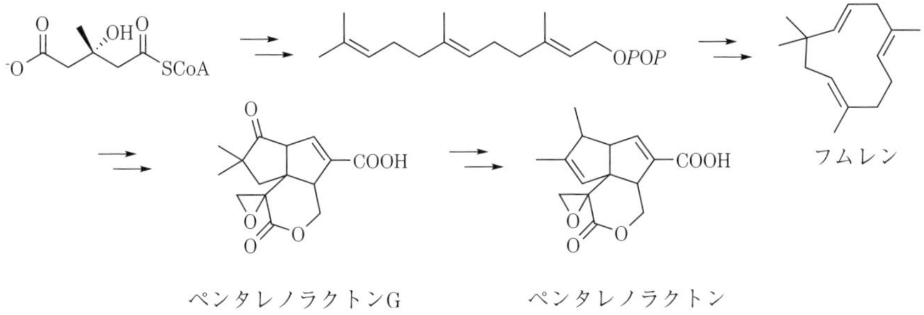

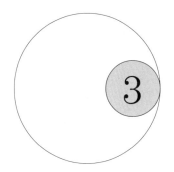

3 情報を伝達する物質

3.1 植物ホルモン

　植物ホルモンは「多くの植物が共通して生産し，低濃度で植物の生理過程を調節する低分子物質」として定義されている。動物のホルモンの場合は特定の器官で生産され作用点まで長距離の移動を伴う活性物質と定義されているが，植物の場合は長距離の移動を伴うことが証明されていない物質でもホルモンと呼ばれている。

　現在までに植物ホルモンとして認識されている化合物の構造と，植物生活環における代表的な生理作用を**図3.1**に示す。このほかにも多様なペプチド類もホルモンとして認識されるようになったが，本章では低分子物質の生合成を中心に解説する。また，花成ホルモンとしてタンパク質のフロリゲンも知られている。記載した以外に，サリチル酸とジャスモン酸は病虫害という生物的ストレスに，アブシシン酸は非生物的ストレスに対する抵抗性を植物に付与する機能をもつ。

　エチレン，アブシシン酸，サリチル酸を除いた各植物ホルモンは，構造の類似した複数の化合物からなる。各グループを代表する化合物名に基づいてホルモン名が与えられているが，活性本体が単離される前にその作用に基づいて命名されたもの（オーキシン）や固有名詞が異なる化合物によりそのグループが構成されている場合（サイトカイニン，ブラシノステロイド，ストリゴラクトン，ジベレリン，ジャスモン酸）は，図示した化合物とは異なる名称が物質名

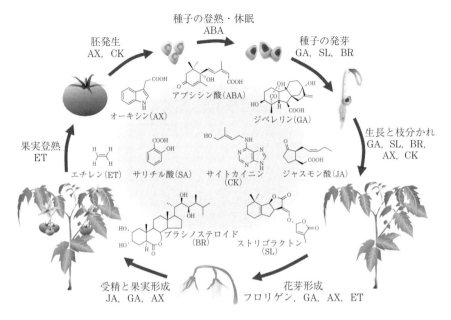

図 3.1 植物ホルモンと植物生活環における生理作用

として使われている。

　これらのホルモンは，その作用に基づいて抑制型と促進型の2種類に大別することができる。動物と異なり，植物は移動することができないため，激しい環境の変化（強い日差し，乾燥など）に耐え，食害昆虫や病害から身を守る機構が必要であり，これらに関係するのが抑制型のホルモンのエチレン，ジャスモン酸，サリチル酸，アブシシン酸である。促進型は良好な環境条件下で作用し，植物の成長促進を促すジベレリン，ストリゴラクトン，オーキシン，サイトカイニン，ブラシノステロイドなどである。しかし，植物ホルモンの作用は複雑で多岐にわたるため，必ずしもこれに当てはまらない場合があることに注意する必要がある。

　また，図3.1に示したように，一つの植物ホルモンが多くの作用を有しており，一つの作用が多数の植物ホルモンにより制御されている。最近になり，そのメカニズムが明らかにされつつあり，これまで一つの植物ホルモンの情報

伝達因子と考えられていた因子が，多様なタンパク質と相互作用することにより，ほかの複数の植物ホルモンの情報伝達因子として機能している例が知られるようになってきた。このような相互作用はクロストークと呼ばれる現象であり，今後の植物ホルモン研究の主要分野の一つと考えられている。

各植物ホルモンは，生合成的には**図 3.2** に示すように，メチオニンやトリプトファンなどのアミノ酸に由来するもの，不飽和脂肪酸の α-リノレン酸に由来するもの，テルペノイドに属するもの，シキミ酸に由来するもの，また核酸とテルペノイドの両方に由来する複合体などに大別できる。これらの植物ホルモンは，すべて植物が体内で生産する一般的な化合物を原料としている点が特徴である。テルペノイドの場合には，メバロン酸経路と MEP 経路を経由する二つの場合があり，ブラシノステロイドはほかのステロイド化合物と同様にメバロン酸経路で，サイトカイニンの側鎖部分，そしてジベレリン，アブシシン酸とストリゴラクトンはカロテノイドを経由する MEP 経路で生合成される。植物の場合 MEP 経路は色素体に存在している。以下，植物ホルモンごとにその代表的な作用と生合成の詳細について説明する。

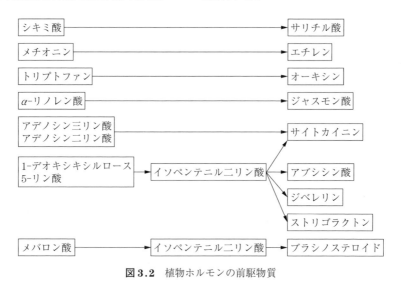

図 3.2 植物ホルモンの前駆物質

3.1.1 オーキシン

天然型**オーキシン**（auxin）は，トウモロコシの未熟種子から初めて単離された。現在知られているオーキシン活性を示す天然化合物の代表はインドール酢酸（IAA）であり，オーキシンとほぼ同意語として使われている。しかしながら，最近ではフェニルプロピオン酸も植物中に存在するオーキシンとして考えられるようになった。インドール酢酸の生合成がトリプトファンを初発物質とすることは古くから知られていたが，その経路は日本人研究者によって2010年以降になり大幅に書き換えられた。モデル植物のシロイヌナズナにおける主要な生合成経路を**図3.3**に示すが，ほかの植物の場合には異なる生合成経路が主要な経路となっている可能性が残されている。

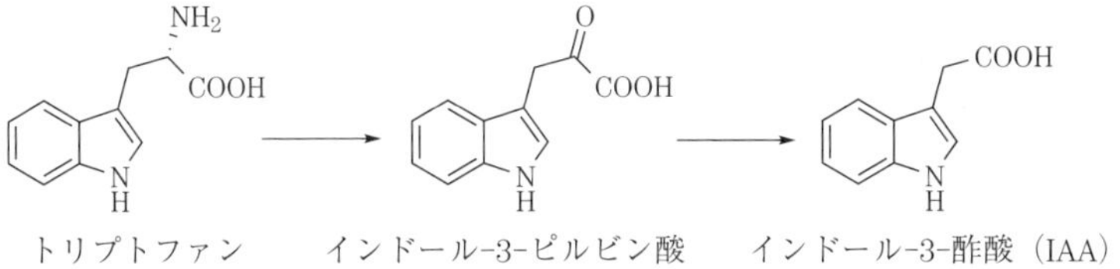

トリプトファン　　インドール-3-ピルビン酸　　インドール-3-酢酸（IAA）

図3.3 オーキシンの生合成経路

主要なオーキシンの生理活性を以下に示す。
（1）　幼植物の細胞を伸長促進する作用
（2）　不定根や側根の発根を促進する作用
（3）　光方向への植物地上部の屈曲，重力方向への根の屈曲や反重力方向への地上部の屈曲を促進する作用
（4）　胚珠における子葉原基の形成や幼根の形成を促進する胚発生作用
（5）　オーキシンの通り道に沿って維管束や葉脈の形成を促進する作用
（6）　頂芽の成長時に脇芽の成長を抑制する頂芽優勢作用
（7）　植物の一部からカルスと呼ばれる不定形の細胞塊を形成する作用

3.1.2 サイトカイニン

天然**サイトカイニン**（cytokinin）もオーキシンと同様にトウモロコシの未熟

種子から初めて単離され，ゼアチンと命名されたアデニン誘導体であった．その後多様なアデニン誘導体が単離されているが，活性化合物はいずれもアデニン（6-アミノプリン）の6位のアミノ基に，二重結合を有するイソプレノイドが結合したものである．**図3.4**にATPを原料とするサイトカイニンの生合成経路を示すが，ADPからも生合成される．側鎖にヒドロキシ基の付いた*trans*-ゼアチンが最も活性が高いが，ジメチルアリルアデニンも十分な活性を保持している．

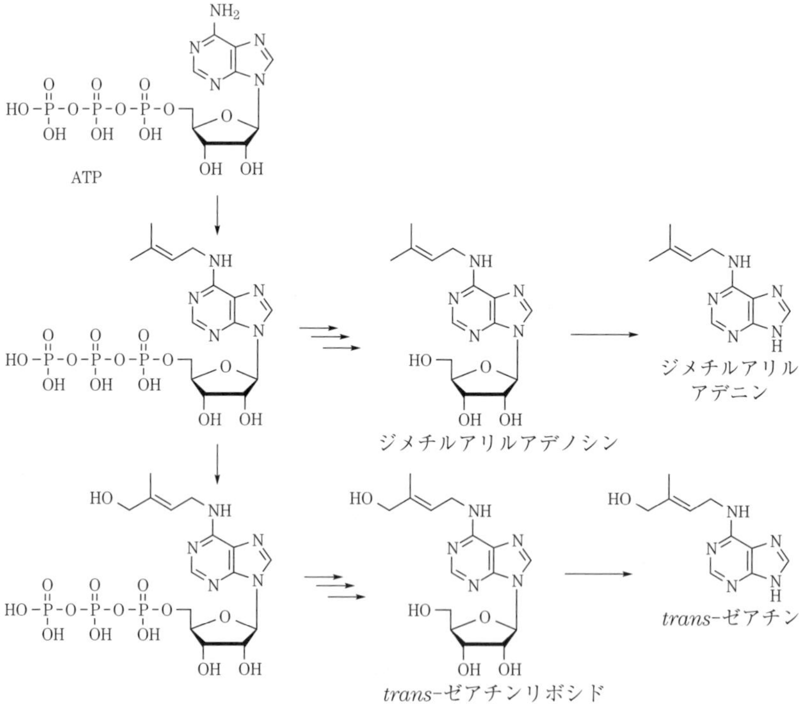

図3.4 サイトカイニンの生合成経路

主要なサイトカイニンの生理活性を以下に示す．
（1）培養細胞における細胞増殖促進作用と再分化によるシュート形成作用
（2）細胞分裂の調節作用
（3）オーキシンとは反対の脇芽の形成と成長の促進作用

（4） 栄養分の分配調節と老化の抑制作用
（5） 形成層の活性制御

3.1.3 エチレン

エチレン（ethylene）は，当初エチレンによる植物被害という観点から注目された植物ホルモンである。ガス灯周囲の街路樹の落葉や，温室植物の壊滅的な被害を契機に，その原因物質がエチレンであることが明らかとなった。その後，柑橘栽培においてレモンの人工成熟にエチレンが有効であることが見出されたのを契機として，トマト，バナナ，メロンなどの多くの果実の成熟が微量のエチレンによって促進されることが見出された。**図3.5**にメチオニンを出発物質とするエチレンの生合成経路を示す。メチオニンは，S-アデノシルメチオニン（SAM）を経由して1-アミノシクロプロパン-1-カルボン酸（ACC）へと変換され，最終的にACCの酸化によりエチレンが生成する。SAMを生成する反応は全生物共通であるが，そこからの変換反応は高等植物に固有の反応である。

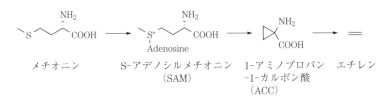

メチオニン　　　S-アデノシルメチオニン　1-アミノプロパン　エチレン
　　　　　　　　　　（SAM）　　　　　　-1-カルボン酸
　　　　　　　　　　　　　　　　　　　　（ACC）

図3.5 エチレン生合成経路

主要なエチレンの生理活性を以下に示す。
（1） 果実の成熟促進作用
（2） 葉や果実の器官脱離の促進作用，老化促進作用
（3） 双子葉植物芽生えの形態形成，特に先端部のフック形成促進作用（エチレンへの三重応答として有名）
（4） 開花後のエチレン生成による花卉類における花弁の脱離や萎凋の促進作用（園芸産業における重要な問題）

102　　3. 情報を伝達する物質

（5）傷害によるエチレン生成と植物防御反応の活性化作用

3.1.4 ジベレリン

ジベレリン（gibberellin）は，イネを徒長させるイネ馬鹿苗病菌の徒長物質として日本人研究者により発見された物質であり，その後植物体中での存在が確認された。いまでは130を超える類縁体の総称になっており，登録順にGAに番号を付して呼ばれる。しかし活性型のジベレリンは数種類しかなく，一部例外を除いては3位がヒドロキシ化されている（図3.6）。植物が生産する最も活性の高いジベレリンはGA_1とGA_4であり，活性は植物種により異なる。馬鹿苗病菌が生産する活性型ジベレリンのGA_3は，2位に二重結合が存在するために代謝を受けにくい。そのために一般にGA_1やGA_4より活性が高い。図3.7にジベレリンの生合成経路を示す。ジベレリンはMEP経路を経由して生合成される。最初の二つの段階は色素体中での反応であり，ent-カウレンからGA_{12}までは小胞体膜上のシトクロムP450酸化酵素による酸化反応である。

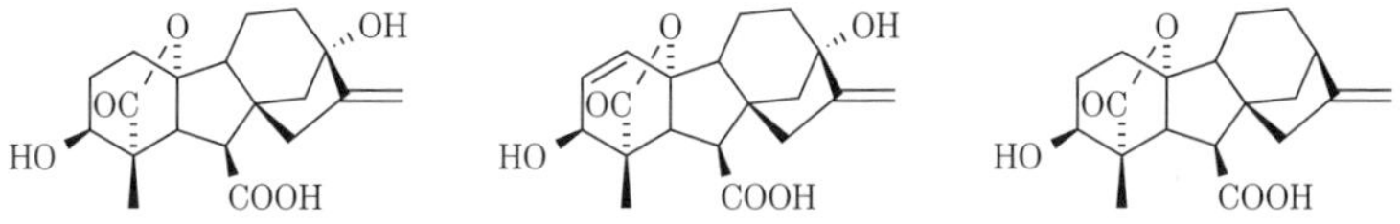

（a）GA_1　　　（b）GA_3　　　（c）GA_4

図3.6　代表的活性型ジベレリン

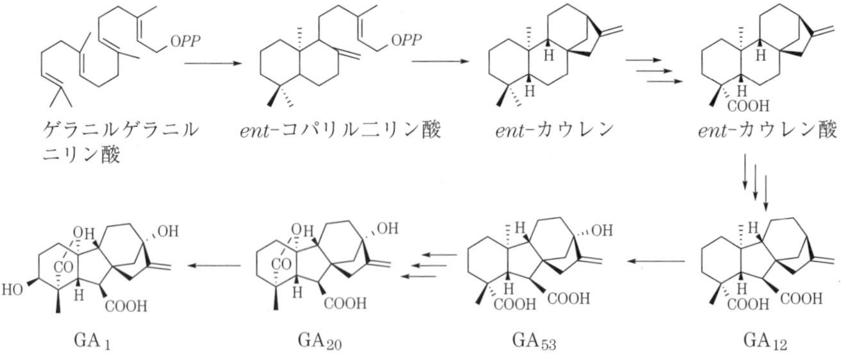

ゲラニルゲラニル二リン酸 → ent-コパリル二リン酸 → ent-カウレン → ent-カウレン酸

GA_1 ← GA_{20} ← GA_{53} ← GA_{12}

図3.7　ジベレリンの生合成経路

GA$_{12}$ からは細胞質で反応は進み,活性型 GA$_1$ が生合成される。GA$_4$ は GA$_{12}$ の 13 位がヒドロキシ化されないまま,GA$_1$ 生合成と同様の酵素により 3 位がヒドロキシ化されて生成する。

主要なジベレリンの生理活性を以下に示す。

（1） 植物の茎の伸長を促進する作用。そのためにジベレリン欠損変異体では矮化するが,適度な矮化は穀物栽培に適している。この性質を利用することで「緑の革命」による穀物の大幅増産が可能になった。

（2） 植物種子の休眠を打破し発芽を促進する作用。

（3） 果実を受精なしで成長肥大させる作用。種無しぶどうの生産はジベレリン処理をすることで可能になった。

（4） 短日条件下で花芽形成を促進する作用。

3.1.5 アブシシン酸

ワタの未熟果実が落果する時期に,オーキシン作用を阻害する活性が果実内で増大することの発見を契機として物質の探索が始まり,葉と果実の脱離促進活性を検定系にして最終的に日本人研究者により物質の単離・構造決定が行われた。アブシシン酸活性をもつ天然型の類縁体は知られていない。アブシシン酸の生合成経路を**図3.8** に示す。**アブシシン酸**（abscisic acid）はセスキテル

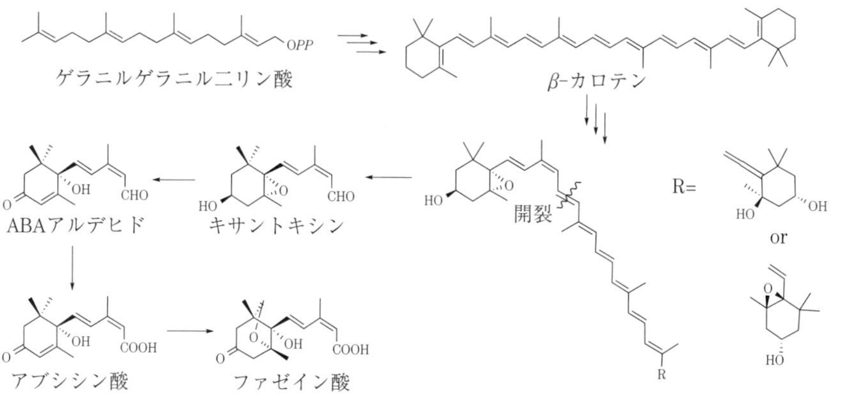

図 3.8 アブシシン酸の生合成経路

ペンと同様の炭素骨格を有しているが，カロテノイドを基質とする開裂酵素の働きにより，その基本骨格が切り出された後に変換を受けて生合成される。アブシシン酸生合成系の特徴は，乾燥ストレス条件で急激に活性化されることであり，数時間で内生量が100倍程度まで増加するが，給水に伴う代謝反応の活性化により急激に減少する。生合成系の律速段階はカロテノイド開裂酵素である。また，シトクロムP450酸化酵素の働きにより，速やかにファゼイン酸まで変換されることも特徴である。

主要なアブシシン酸の生理活性を以下に示す。

（1） 種子の貯蔵タンパク質や貯蔵脂質の蓄積を促すことで種子の成熟を促進する作用
（2） ジベレリンとは逆に種子の休眠を形成し発芽を抑制する作用
（3） 乾燥によって水ストレスを受けた植物の気孔を閉鎖することで，乾燥耐性を促進する作用
（4） 乾燥耐性を与える適合溶質や乾燥耐性を強くする機能をもつLEAタンパク質の合成を誘導する作用
（5） 栄養成長を抑制する作用（これは水ストレスを受けた植物の成長を抑制することで，ストレス耐性を高めるためと考えられる）

3.1.6 ストリゴラクトン

ストリゴラクトン（strigolactone）は，アフリカサブサハラ地方や地中海沿岸で深刻な農業被害を与えている根寄生雑草の宿主由来発芽誘導物質として，単離・構造決定された化合物である。その後，枝分かれ過剰変異体の原因遺伝子の解析により，植物の枝分かれを制御している植物ホルモンであることが日本人研究者により再発見された。この時点では4-デオキシオロバンコールのような構造をもつ4環性化合物がストリゴラクトンであると考えられていた。しかし，その後の天然物化学ならびに生合成研究の成果により，カーラクトンから派生するカーラクトン酸メチルのような化合物も植物ホルモンとしてのストリゴラクトン活性をもつことが明らかになり，現在ではストリゴラクトンは

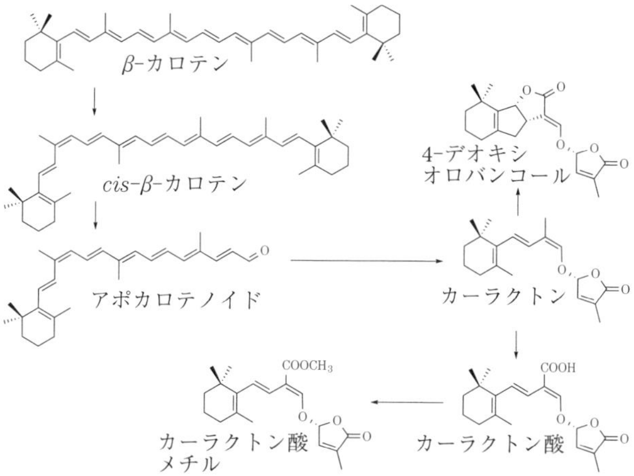

図 3.9 ストリゴラクトン生合成経路

ブテノライド骨格を有する化合物群であると考えられている。**図 3.9**にストリゴラクトン生合成経路を示す。

3.1.5項で述べたアブシシン酸の場合と同様にβ-カロテンが異性化したのち，2段階の酸化開裂反応によりカーラクトンが生成する。この後，カーラクトンは同じ遺伝子ファミリーに属するシトクロム P450 酸化酵素の働きにより，4環性ストリゴラクトンと2環性ストリゴラクトンを生成する。ストリゴラクトン生合成欠損変異体は，ストリゴラクトンを生成しないため根寄生雑草被害を軽減できるが，同時に収量に悪影響を与える形態変化を伴うという欠点を有している。また，低リン土壌ではストリゴラクトンの生合成が活性化される。

主要なストリゴラクトンの生理活性を以下に示す。

（1） 根寄生植物の発芽を刺激する作用。宿主の根から滲出されるストリゴラクトンの刺激により宿主を感知・発芽し，寄生することで宿主を枯らす。発芽後に寄生できない個体は死んでしまうために，宿主がいない条件で自殺発芽させる技術の開発が被害低減策として有望視されている。

（2） 植物の枝分かれ（イネでは分けつという）を抑制する作用。植物ホルモンとしての作用であり，作物の収量に大きく影響を与える形質である。

（3） 菌根菌の菌糸分岐誘導を誘導する作用。AM 菌根菌は植物と共生する

ことでリン栄養の効率的吸収を助けている。この菌糸の分岐誘導により効率的な菌根菌の植物への共生が可能になる。

3.1.7 ブラシノステロイド

アブラナの花粉からダイズ茎葉部の伸長促進物質として，続いて日本人研究者によりクリタマバチ虫えいからイネのラミナジョイント屈曲活性を指標として，**カスタステロン**（castasterone）が単離・構造決定された（**図 3.10**）。その高い活性にもかかわらず，しばらく植物ホルモンとしては認められなかったが，著しい矮化形態を示すシロイヌナズナブラシノステロイド欠損変異体がブラシノステロイド添加で形態回復することの発見により，植物ホルモンとして認識されるようになった。

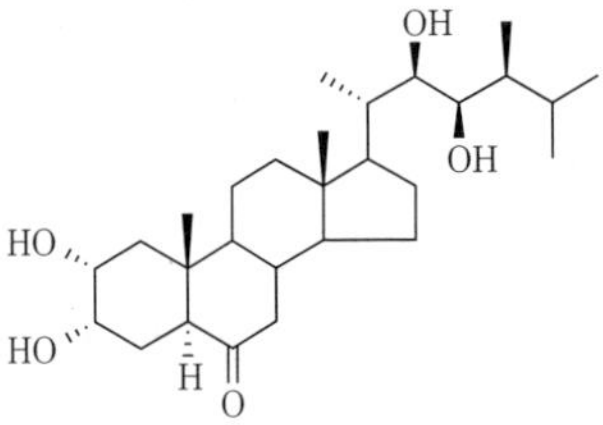

（a）カスタステロン 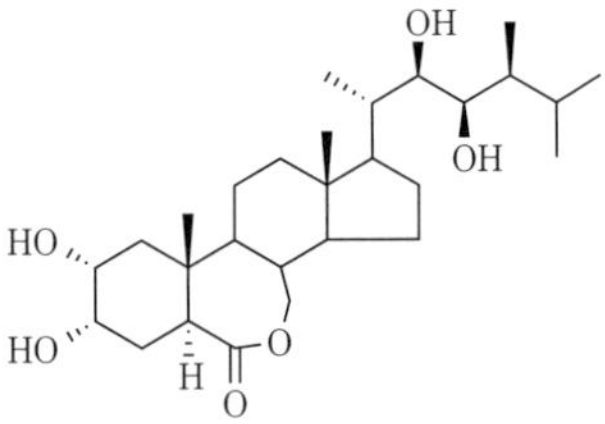　　　（b）ブラシノライド

図 3.10 ブラシノライドとその類縁体カスタステロン

ブラシノステロイド（brassinosteroid）は，ステロイド骨格を有する唯一の植物ホルモンである。生合成の特徴は，唯一メバロン酸経路を経由するテルペノイド系化合物という点である。通常の植物ステロール生合成経路を経由して生成したカンペステロールが，シトクロム P450 酸化酵素により，つぎつぎと酸化されることにより，ブラシノライドへと変換される。**図 3.11** に簡略化した生合成経路を示す。先に 6 位が酸化される経路と先に側鎖が参加される経路に大別されるが，実際にはブラシノステロイド生合成経路経路は各中間体が複数の酵素（ほとんどがシトクロム P450 酸化酵素）の基質となる網の目状の変換経路で成立している。

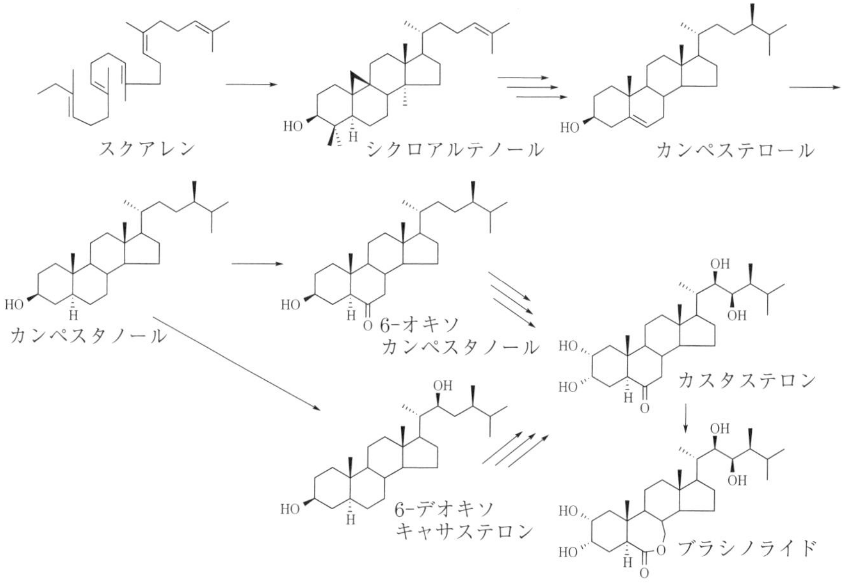

図 3.11 ブラシノステロイドの生合成経路

主要なブラシノステロイドの活性を以下に示す．

（1） 茎の伸長を促進する作用．生合成やシグナルの欠損変異体では著しく矮化することより，ブラシノステロイドの伸長への重要性が示された．特にオーキシンとの相乗作用は特徴的であるが，ジベレリンとは相加的な反応しか示さない．同様に葉の成長促進作用ももつ．
（2） 管状要素（道管・仮道管細胞）分化と葉原基形成を促進する作用
（3） 作物種子の発芽率を上昇させる作用
（4） 耐病性，耐塩性，耐暑性などのストレス耐性を付与する．

3.1.8 ジャスモン酸

ジャスミンの花の香気成分としてジャスモン酸メチルエステルが最初に発見された後，植物病原菌から植物成長阻害物質として**ジャスモン酸**（jasmonic acid）が見出された．さらに 10 年後，イネなどの幼植物成長阻害活性（植物ホルモン活性）を示す物質としてジャスモン酸の存在が報告された．その後，

種々の病傷害に応答する遺伝子の発現がジャスモン酸により誘導されることも確認され，植物ホルモンとして認識されるようになった。

　ジャスモン酸は，動物細胞の生理活性物質として知られるプロスタグランジン類と同様に5員環ケトンをもつ化合物であり，生合成経路も類似している。**図3.12**に生合成経路の概略を示す。ジャスモン酸はさらに代謝されてアミノ酸縮合体となるが，ジャスモン酸イソロイシンは活性型ジャスモン酸の受容体複合体の形成に必須であることから，活性本体と考えられるようになりつつある。コロナチンは，微生物が生産するジャスモン酸と類似した構造・作用をもつ化合物である。

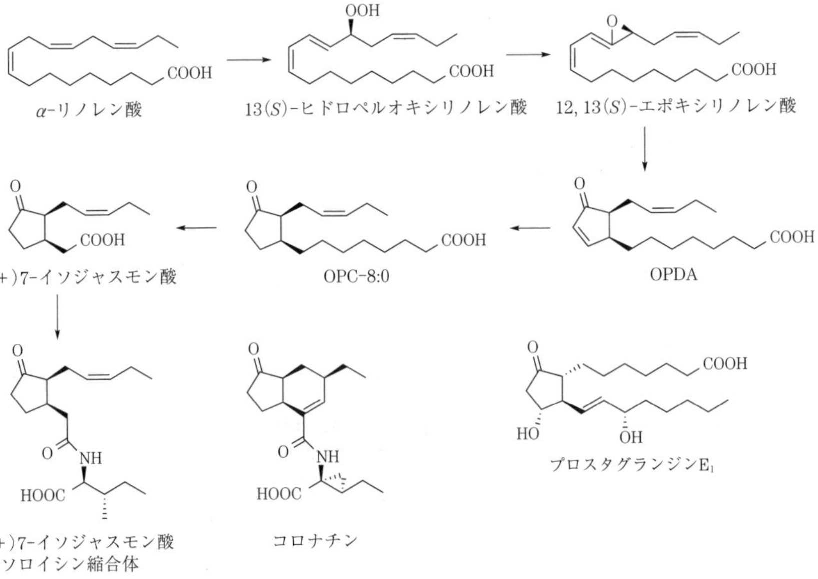

図3.12 ジャスモン酸の生合成経路と類縁体

主要なジャスモン酸の活性を以下に示す。

（1）病傷害応答を促進する作用。植物は傷害や昆虫などの摂食行動を受けるとジャスモン酸レベルが上昇し，各種の防御反応が活性化する。病原菌が感染したときにも同様なジャスモン酸の上昇が観察される。

（2）老化と離層形成を促進する作用。ジャスモン酸処理により，葉の黄色

化,離層形成が起こり,葉の脱離が促進される。
(3) 花の形成やトライコームの形成に促進的に作用する。花の形成には雄しべの発達や葯の開裂の制御に関わっている。

3.1.9 サリチル酸

ヤナギ樹皮抽出液の鎮痛・解熱作用については古くから知られていたが,活性本体が**サリチル酸**(salisic acid)であることが明らかとなったのは19世紀末であった。しかし植物体内での機能は長い間不明であった。サリチル酸の代表的な生理作用である植物免疫反応の活性化が報告されたときには,サリチル酸の発見からすでに100年以上が経過していた。植物は病原菌の感染に伴い,植物体内サリチル酸濃度を顕著に増加させることで,病原菌の感染抵抗性を獲得している。

サリチル酸の生合成については,図3.13に示すようにフェニルアラニンを出発物質とする経路と,シキミ酸から生成されるコリスミ酸を出発物質とする経路が提唱されている。しかしながら,いずれの経路もその生合成酵素をコードする遺伝子の完全解明には至っていない。また,サリチル酸のメチルエステルも生体内では生成される。揮発性物質のサリチル酸メチルは,昆虫からの食害などの組織の損傷により空気中に放出され,その食害昆虫の天敵を誘引する効果もある。また生成したサリチル酸メチルが,全身獲得性病害抵抗性を植物

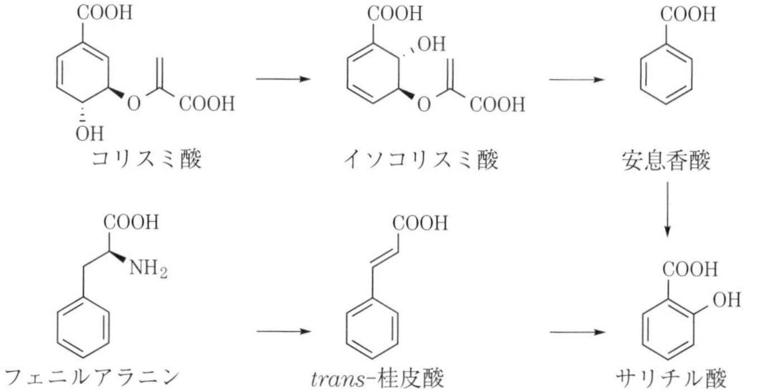

図3.13 サリチル酸の生合成経路

に付与する活性本体である可能性も指摘されている。

主要なサリチル酸の活性を以下に示す。

（1） 病害抵抗性の誘導を促進する作用。植物は，感染を試みる病原菌に対して，過敏感反応と呼ばれる細胞死を伴う抵抗性反応を誘導する。この過敏感反応刺激により生合成されるサリチル酸が，植物体全身で防御応答の活性化を誘導する。

（2） ジャスモン酸の情報伝達と拮抗的に作用。植物の病害応答の制御に関わる主要な植物ホルモンとして，サリチル酸とジャスモン酸が知られている。サリチル酸は寄生性の活物寄生菌に対して，一方，ジャスモン酸は殺生菌に対して抵抗性を植物に付与する。サリチル酸とジャスモン酸の情報伝達はたがいに拮抗する。

＜**Coffee Break**＞ "ブラシナゾール"

ブラシノステロイドの生合成経路中，カンペスタノール以降の変換反応はほとんどがシトクロム P450 により触媒される。そこで，シトクロム P450 のヘム鉄と結合しやすい性質をもつ，トリアゾール環を含む合成化合物中から，矮化誘導活性と矮化からのブラシノステロイド共処理による形態回復を指標に，ブラシノステロイド生合成阻害剤が創製された。その後，活性と特異性を高めた Brz220（**図1**）も開発された。**ブラシナゾール**（brassinazole）（**図2**）は，多様な植物種にブラシノステロイド欠損状態を誘導できる特徴をもつ。この性質を利用し，多様なブラシノステロイドの機能が明らかとなった。また，モデル植物のシロイヌナズナを用いたブラシナゾール非感受性変異体の探索と原因遺伝子の解析を通して，複数の新しいブラシノステロイド情報伝達因子の発見につながった。これらの因子は，有用作物の生産量増大への応用が期待されている。

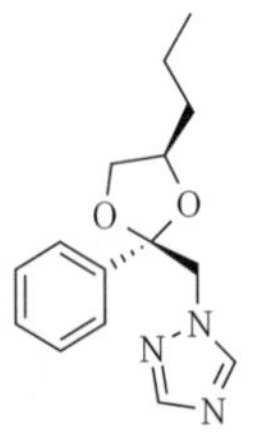

図1　Brz220 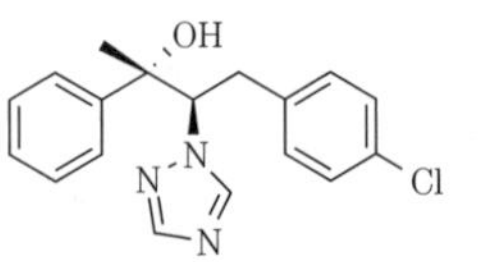　　　図2　ブラシナゾール：Brz

3.2 昆虫のホルモンとフェロモン

　天然物化学で昆虫を対象とする場合，二つの大きな概念がある。一つは，昆虫は進化の頂点に立つ多様性に富んだ生物であり，その生存戦略は生物学的に興味の対象となる場合である。もう一つは，ヒトの生活のQOLを向上させるために，昆虫の生存を制御する農薬開発の対象となる場合である。特に後者は，ヒトの生活に関わるため，農薬開発など重要な学術分野を築いている。

3.2.1　昆虫のホルモン

〔1〕**ホルモンの種類**　昆虫を含む高等動物では，血液に分泌するホルモンが脳神経系や末梢組織と連絡し，体内のホメオスタシスをはじめとする，さまざまな生理現象を調節している。このホルモンは，化学的な性質により大きく2種類に分類される。一つは**ペプチド性**のホルモンであり，もう一つは**脂溶性**のホルモンである。

〔2〕**昆虫のホルモンの例**　上述のとおり，化学構造上大きく2種類に大別される昆虫のホルモンの例を**表3.1**に挙げる。理解しやすいように，ヒトをはじめとするほ乳類におけるホルモンの例と比べることとする。

表3.1　ホルモンの性質と種類

	昆虫	ほ乳類
ペプチド性	前胸腺刺激ホルモン 脂質動員ホルモン	成長ホルモン インスリン
脂溶性	脱皮ホルモン（エクジソン） 幼若ホルモン	女性ホルモン（エストロゲン） 男性ホルモン（アンドロゲン）

　ペプチド性のホルモンは，インスリンや成長ホルモンのようにアミノ酸が数残基から数百残基連なった構造をしている。そのため，水に溶けやすい性質を有する。昆虫では，およそ50種類のペプチド性ホルモンが知られている。後述の前胸腺刺激ホルモンや羽化ホルモンなどがそれにあたる。一方，脂溶性ホ

ルモンの構造は，ほとんどが低分子有機化合物である．昆虫では後述する**幼若ホルモン**（JH：juvenile hormone）や**脱皮ホルモン**（moulting hormone）などが脂溶性ホルモンである．ほ乳類では，女性ホルモンや男性ホルモンのようにステロール骨格を有するものなどがある．

3.2.2 昆虫の脱皮変態のクラシカルスキーム

昆虫のホルモンが制御している生理現象のうち，特徴的なものとして脱皮・変態がある．チョウやガのように，幼虫から蛹，成虫へと容姿が劇的に変化する完全変態昆虫の脱皮変態は，体内の**脳**，**アラタ体**，**前胸腺**と呼ばれる器官から産生され分泌されるホルモンにより制御されている．これらの三つの器官からそれぞれ，脳ホルモン（前胸腺刺激ホルモン，PTTH：prothoracicotropic hormone），幼若ホルモン，脱皮ホルモン（エクジソン：ecdysone）が産生され，それぞれにより，脱皮と変態のタイミングが調節されている．このうち脱皮を直接的に支配しているエクジソンは，前胸腺で生合成され分泌される．また，このエクジソンの分泌は，その上位で脳から分泌するPTTHで制御されている．前胸腺からエクジソンが分泌されると脱皮が促進されるが，その際JH濃度が血中で高い場合は，幼虫から幼虫の脱皮が起こり，JH濃度が低いと（あるいはないと），幼虫から蛹に変態する．この制御メカニズムは昆虫の**脱皮変態の**

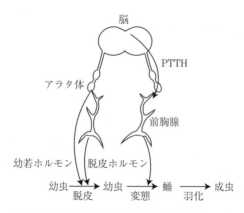

図3.14 昆虫の脱皮変態のクラシカルスキーム

クラシカルスキームと呼ばれている（図3.14）。このクラシカルスキームはおおむね正しいが，現在ではさらに研究が進み，多くのペプチド性ホルモンが複雑にエクジソンやJHの生合成および分泌を制御していることがわかっている。

3.2.3 ペプチド性ホルモンの性質と生合成

〔1〕 **昆虫のペプチド性ホルモンの例**　これまでに，昆虫のペプチド性のホルモンとして，上述のPTTHをはじめ，多くのホルモンが同定されている。このうち，最も古く同定されたものでは，脂質動員ホルモン（AKH：adipokinetic hormone）がある。このAKHは，トノサマバッタが長距離を渡るための飛翔筋のエネルギー供給を促すホルモンとして同定された。AKHの構造は，アミノ酸10残基からなる比較的小さなペプチドで，N末端がピログルタミン酸，C末端がアミド化修飾されている（図3.15（a））。一方，PTTHはAKHとは異なり比較的大きなペプチド性のホルモンである。PTTHはカイコから精製され，その構造が明らかとなった。その構造は，109残基からなるペプチドが2対でホモダイマーを形成し，41残基目のアスパラギン残基にはN-結合型

pGlu-Leu-Asn-Phe-Thr-Pro-Asn-Trp-Gly-Thr-NH$_2$

（a）　トノサマバッタ脂質動員ホルモン（AKH）の一次構造

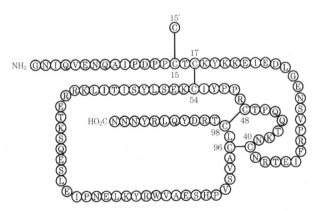

（b）　ジスルフィド結合を含めたカイコ前胸腺刺激ホルモン（PTTH）の一次構造

図3.15　昆虫のペプチド性ホルモン（トノサマバッタAKHとカイコPTTH）の一次構造

糖鎖が付加する糖ペプチドである（図（b））。

〔2〕 **ペプチド性ホルモンの生合成**（プロセッシングおよび**翻訳後修飾**）
ペプチド性ホルモンは，通常のタンパク質と同様の転写翻訳を経て生合成される。その翻訳産物（プレプロペプチド）のN末側には20から30残基程度の疎水性の領域があり，これが分泌性のシグナルペプチドとなる。このシグナルペプチドが，翻訳後に切断され，前駆体（プロペプチド，プレカーサーペプチド）になる場合が多い（**図3.16**）。また，前駆体ペプチドの中の連続した塩基性アミノ酸残基などがターゲットとなる酵素により，さらに切断され小さなペプチドになり活性型ペプチドが産生される。このペプチドは，N末端がグルタミン酸の場合，脱水されピログルタミン酸残基となったり，C末端がグリシン残基の場合，アミド化されることがある。これらの修飾を受けないと生物活性がなくなるものもある。このほかにも，システイン残基がS-S架橋（ジスルフィド結合）を介して一次構造がさらに複雑になったり，糖鎖が付加されることでペプチドが修飾されたりする場合がある。このような，修飾を総じて翻訳後修飾と呼ばれる。

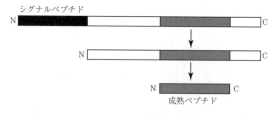

図3.16 ペプチド性ホルモンのプロセッシング過程

〔3〕 **昆虫に特異的なペプチド性ホルモン**　ゲノム情報が公開され，さらに次世代シーケンサーによるDNAおよび転写物の配列情報が容易に入手できるようになった。それに伴い，各昆虫種でのペプチド性のホルモンの情報も容易に入手できるようになった。すでに，明らかにされているカイコやキイロショウジョウバエなどのモデル昆虫種の遺伝子情報を参考に，各種ホルモン類のアミノ酸配列の相同性から，多くのペプチド性因子が同定されている。また，ヒトなどをはじめとする脊椎動物の情報との比較により，以下のような昆虫で特

異的に見られるホルモンが見出されている。
- 前胸腺刺激ホルモン：前胸腺を刺激し，脱皮ホルモンの生合成分泌を促す。
- フェロモン生合成活性化ホルモン：フェロモンの生合成を誘導する。
- バーシコン：脱皮後のクチクラの硬化を誘導する。
- アラタ体刺激ホルモン（アラトトロピン），アラタ体抑制ホルモン（アラトスタチン）：アラタ体でのJHの生合成および分泌を調節する。
- 脱皮行動誘因ペプチド：脱皮行動を惹起する。
- 羽化ホルモン：羽化行動の起動時間を規定する重要なホルモン。

3.2.4 脂溶性ホルモン

〔1〕 **昆虫に特異的な脂溶性化合物**　昆虫の脂溶性ホルモンに関して述べる前に，昆虫における脂質代謝系および生合成経路について述べる。昆虫において脂質代謝系とその生合成経路は，ほぼ脊椎動物など他の生物種と同様であるが，一部の脂肪酸を生合成する酵素がないほか，ステロール化合物を生合成することができない。このステロール化合物が生合成できないことは，昆虫をはじめとする節足動物（昆虫類のほかエビやカニなどの甲殻類も含める）において共通している。脱皮ホルモンであるエクジソンの材料としてコレステロールを用いるほか，細胞膜などの構成成分でもあるため，コレステロールは節足動物にとっては，必須栄養素である。そのため，昆虫はステロール化合物を食餌や共生生物などに依存している。

また，通常の動物種ではオレイン酸からリノール酸に変換する還元酵素 $\Delta 12$ を持っていないため，リノール酸が必須脂肪酸である。ところが，一部のゴキブリやコオロギなどの昆虫種には，この酵素をもっているものがいることは非常に面白い。

〔2〕 **昆虫の脂溶性ホルモンの例**　昆虫で重要な脂溶性ホルモンは，既に述べた幼若ホルモン（JH）とエクジソンの二つがある。JHは，昆虫種により若干化学構造が異なるが，基本骨格は共通したセスキテルペンである（**図3.17**）。なお，甲殻類などでは，メチルファルネセン酸がJHと同様の活性を

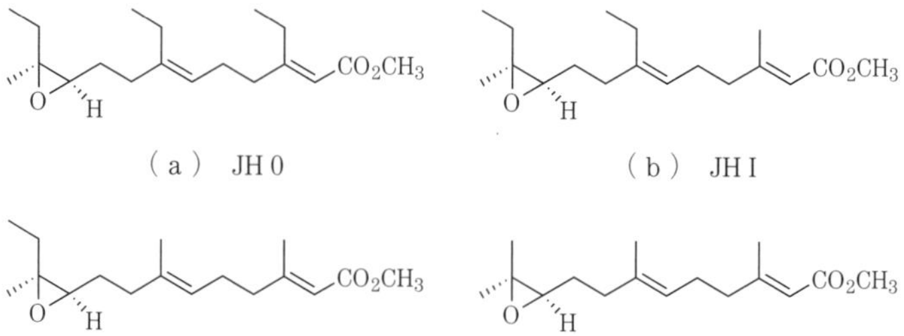

(a) JH 0

(b) JH I

(c) JH II

(d) JH III

図3.17 幼若ホルモンの化学構造

有することになっている。

　また，エクジソンは，ステロール骨格を有するステロイドホルモンである。後述の何段階かの酸化反応を経て前胸腺内で生合成される。後述のように，実際には，前胸腺でつくられるエクジソンは脱皮促進活性を示さない。エクジソンの20位がさらにヒドロキシ化された20-ヒドロキシエクジソンが生体内で活性型として機能する。

3.2.5　幼若ホルモンの生合成

〔1〕**幼若ホルモンの化学構造**　幼若ホルモン（JH）は，1934年にウィグルスワース（Wigglesworth）により，アラタ体から分泌される幼虫形質を維持する液性因子として，オオサシガメを使った実験で確認された。1967年にローラー（Roller）らにより，セクロピア蚕から単離されたJHの化学構造は，セスキテルペノイドであるファルネソールの誘導体である。ファルネソール内のアルコール末端がカルボン酸メチルエステルになった，ファルネシル酸メチルとなり，反対側の末端の二重結合がエポキシ環を有している。また，JHにはJH 0，JH I，JH II，JH III などがあり，図3.17のようにメチル基とエチル基の個数で，呼び名が変わる。ちなみに，チョウやガなどの鱗翅目昆虫では，JH I と JH II がおもに見出されるが，昆虫全般には JH III が含まれている。

〔2〕**幼若ホルモンの生合成経路**　JH III は典型的なテルペノイド構造を有し，ファルネソールの酸化により生成するファルネシル酸を経由して，メチ

ルエステル化,エポキシ化により生合成される。JH の構造上特徴的なエチル基は,アセチル CoA の代わりにプロピオニル CoA が利用され,ホモメバロン酸,3-エチルブテ-3-ニル二リン酸や 3-メチルペンテ-2-ニル二リン酸のホモログを経るメバロン酸経路により,JH に取り込まれる(**図3.18**)。

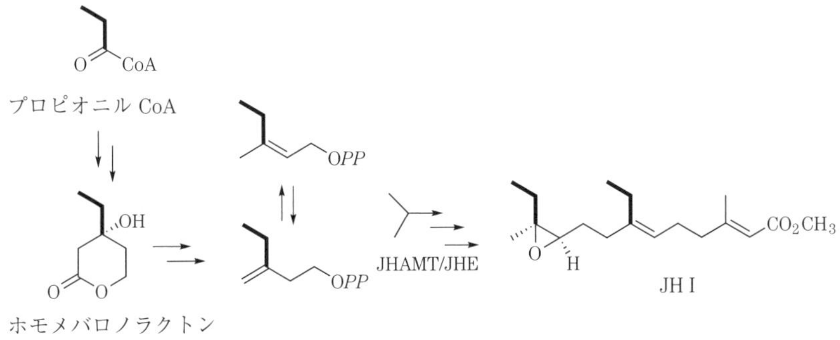

図3.18 JH I の生合成経路

〔3〕 **幼若ホルモンの生合成に関わる酵素**　前項のとおり,JH の生合成は,メバロン酸経路の酵素のほかに,メチルエステル化反応とエポキシ化が,それぞれ JH 酸メチルトランスフェラーゼ(JHAMT),JH エポキシダーゼ(JHE)により行われる。JHAMT と JHE は,それぞれ JH の産生器官であるアラタ体で特異的に発現している酵素であり,JH が分泌されるタイミングでその発現量が上昇する(図3.18)。

3.2.6　エクジソンの生合成
〔1〕 **エクジソンの生合成経路**　脱皮ホルモンである**エクジソン**(ecdysone)は,前胸腺内でコレステロールを原料に連続的な酸化反応で生合成される。前胸腺内の小胞体あるいはミトコンドリアに局在しているシトクロム P450 に属する一連の酵素により,エクジソンに生合成される。生合成されたエクジソンは,PTTH の刺激により血中に分泌され,脂肪組織などの末梢組織で,20 位がさらにヒドロキシ化され活性型となる。これらの酵素群はハロウィーン遺伝子と呼ばれる遺伝子群でコードされ,それぞれにお化けの名前が

118   3. 情報を伝達する物質

付いている。

　上述のエクジソン生合成酵素のいくつかは，前胸腺へのPTTH刺激により発現量が上昇する。すなわち，PTTHがエクジソンの生合成と分泌のタイミングを担う重要なホルモンであることがわかる。なお，**図3.19**からもわかるように，酵素，基質がわかっていない数段階をブラックボックス（black box）と呼んでいる。

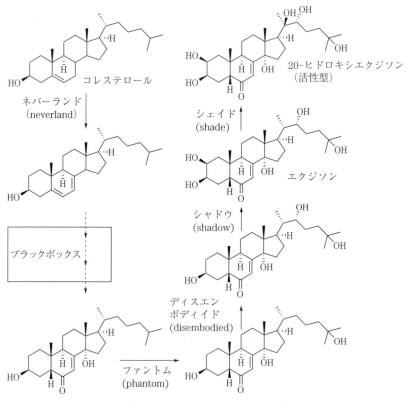

図3.19　エクジソンの生合成経路

〔2〕 **昆虫のステロール化合物に関して**　すでに述べたように，昆虫をはじめとする節足動物は，ステロール化合物を生合成することができない。そのため，食餌や共生細菌などから取り込む必要がある。おもな植物ステロールの

化学構造の特徴は，β-シトステロールのように側鎖の24位にアルキル基が付加している。このような植物ステロールでは，脱皮ホルモンの前駆体や細胞内の構成脂質にならないため，植物を食べる昆虫（植食性昆虫）は，植物ステロールを体内に取り込み，腸管内でコレステロールに変換することが知られている。その構造変換は，**図3.20**に示すように4段階からなる。

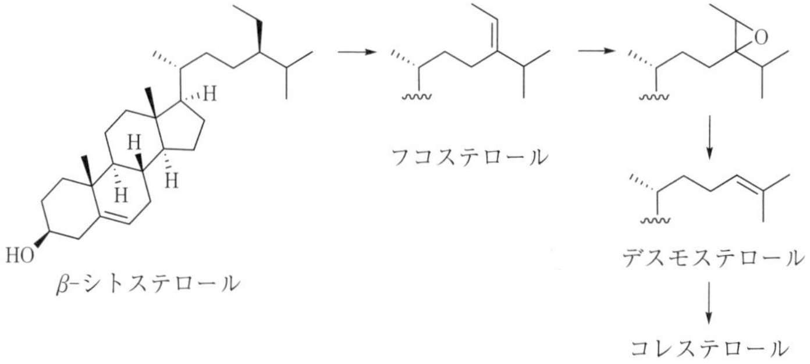

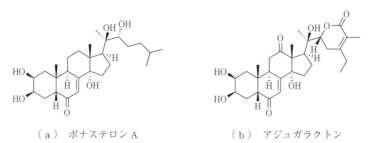

図3.20 植物ステロールからコレステロールへの変換

〔3〕 **植物における脱皮ホルモン**　昆虫が食餌からステロール化合物を摂取する必要があることを逆手にとった植物の戦略として，脱皮ホルモン活性を有する分子を生合成し，昆虫による食害を防御する植物種がある。このような植物は，植物エクジソン（phytoecdysone）を生合成していることが知られている。植物エクジソンは，現在150種以上も同定されており，シダ類や被子植物に含まれていることが多い。その例として，**図3.21**（a）に示すようなポナステロンAなどがある。また，植物由来のエクジソン拮抗物質としては，

（a）ポナステロンA　　　　（b）アジュガラクトン

図3.21　ポナステロンA（植物エクジソン）とアジュガラクトン（エクジソン拮抗物質）の構造

キランソウに含まれるアジュガラクトンなどがある（図（b））。

3.2.7　ホルモンの受容体
〔1〕　ペプチド性受容体

a）GPCR　昆虫に限らず，ペプチド性のホルモンや一部の低分子有機化合物の受容体には，**GTP結合タンパク質共役型受容体**（GPCR：GTP-binding protein-coupled receptor）がある。GTP結合タンパク質のことを**Gタンパク質**（G protein）とも呼ぶ。ほとんどのGPCRの構造は，細胞膜を7回貫通した構造を有する，いわゆる7回膜貫通型受容体である。この受容体は，α，β，γの三量体Gタンパク質と細胞内の膜近辺で共役し，リガンドであるホルモンが受容体に結合すると，Gタンパク質のGTPがGDPに加水分解され，**効果器**（エフェクター）にシグナルを伝える。例えば，効果器がアデニル酸シクラーゼである場合は，細胞内のcAMP量が上昇し細胞内でのリガンド刺激情報を伝達する（**図3.22**）。昆虫からは，およそ40〜50種のペプチドホルモンがゲノム配列から同定されている一方で，ペプチド性ホルモン受容体もほぼ同様の数である50〜60種が同定されている。リガンドの数より受容体が多いということは，未同定のホルモンがあることを意味している。なお，リガンドが未同定な受容体は，オーファン受容体（orphan receptor）と呼ばれている。

b）キナーゼ結合型受容体　ホルモン受容体の中には，1回膜貫通型で

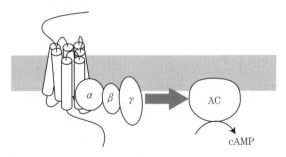

図3.22　Gタンパク質結合型受容体と効果器（アデニル酸シクラーゼ）

細胞質内にセリンスレオニンキナーゼ領域あるいは，チロシンキナーゼ領域を含む受容体がある。昆虫にもこのタイプの受容体が存在する。例えば，チロシンキナーゼ結合型の受容体には，ヒトではインスリン受容体やEGF受容体などがあるが，昆虫の場合でもインスリン様ペプチド（カイコの場合はボンビキシン）の受容体や上述のPTTHの受容体がそれにあたる。

〔2〕 核内受容体

a）核内受容体の構造 昆虫の脱皮ホルモンである，エクジソン（エクジステロイド）の受容体（EcR）は核内受容体である（**図3.23**）。エクジステロイドは比較的脂溶性であるため，細胞膜との親和性が高く，細胞質内に容易に取り込まれるとされている。そのため，この分子は細胞質内で受容される。EcRの分子内は，A〜Fの領域からなり，DNA結合部位（DBD）とリガンド結合部位（LBD）などがある。

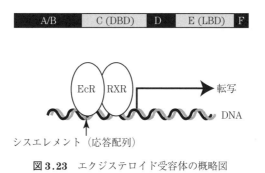

図3.23 エクジステロイド受容体の概略図

EcRと同様に，多くの生物の核内受容体は，リガンドと結合するとターゲットとなるDNA配列（シスエレメント）と結合し，転写調節因子として働く。また，多くの核内受容体はダイマー構造をとりDNAと結合する。EcRの場合はRXRと呼ばれる受容体とヘテロダイマーを形成し，リガンド（エクジステロイド）の刺激に応答してシスエレメントの下流にコードされている遺伝子の転写活性が調節されることになる。

b）巨大複合体 核内受容体は，一般的に多くの共役因子（共役タンパク質）と結合し，巨大複合体を形成することがわかっている。この複合体の構

成因子にはRNAポリメラーゼなど，転写に関わるものがある。つまり，脂溶性ホルモンは，受容体を介して直接転写活性を制御している。この巨大複合体は時に，染色体DNAの構造をも変化させることが知られている。ショウジョウバエの唾腺染色体で観察されるパフは，その染色体DNAの構造変化に由来する。

3.2.8 昆虫のホルモンの利用

〔1〕**IGRに関して**　昆虫のホルモン，特に成長に効果的なホルモンを標的とした農薬（IGR：insect growth regulator）が既に開発されている。すなわち，JHやエクジソンのアゴニストあるいはアンタゴニストをデザインしたものである。IGRは，殺虫作用がないにもかかわらず効果がある。その理由は，成長遅延の効果によって，産卵期が拡散されるため，次世代以降の害虫を駆除できる仕組みだからである。

〔2〕**エクジソン受容体のアゴニスト，幼若ホルモンの類似化合物**　IGRの中には，エクジソン活性を模倣したものや，エクジソン活性のアンタゴニストであるものがある。例えば，**図3.24**（a）のテブフェノジド（RH5992）は，エクジソンとは構造上の類似性はないが，エクジソン受容体と直接結合してアンタゴニストとして作用する。また，JHの類縁化合物として図（b）のフェノキシカルブや，図（c）のメトプレン（マンタ）などが実際に農薬として販売されている。

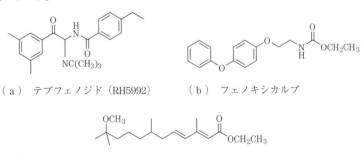

（a）テブフェノジド（RH5992）　　（b）フェノキシカルブ

（c）メトプレン（マンタ）

図3.24　IGRの例

3.2.9 昆虫のフェロモン

〔1〕 **フェロモンの定義と種類**　フェロモン (pheromone) はギリシャ語の「pherin＝移動させる」,「hormōn＝興奮させる」を合わせた造語で,「動物個体から体外へ分泌され, 同種の他個体に特異的な反応, 一定の行動や生理反応を誘引する生理活性物質」と定義づけられている。フェロモンは, 揮発性の低分子有機化合物であることが多く, 種内の個体間コミュニケーションをとる性質から, 昆虫では, 性フェロモン, 道しるべフェロモン, 警報フェロモン, 集合フェロモンなどが挙げられる。

〔2〕 **性フェロモン**　昆虫のフェロモンの中でも, 科学的に興味深く, 農産業における農薬開発などでも重要なのが性フェロモンである。性フェロモンは, 多くの場合, メスから分泌され雄の誘引, 性的興奮, 交尾などを極微量で惹起する。地球上には, 150万種以上の昆虫種が確認されているが, これらが同種同士を認識できるために, 性フェロモンには多様性が存在することが容易に想像できる。その多様性の中にも以下のように化学的に興味深いものもある。

（1）　木材成分由来のモノテルペノイドなどと他の化合物との協働的な利用
（2）　複数の化合物を使い, 混合比の違いによる異種との差別化
（3）　光学異性の違いを利用した異種との差別化

〔3〕 **フェロモンの構造と生合成**　フェロモンは微量で効果を示す。そのため, これまでに明らかにされているフェロモンの構造に関する研究では, 大量の昆虫（通常は数万匹）を用いたものが多い。ただし, 天然に存在するフェロモンは微量であるため, 化学構造中の不斉炭素の絶対立体配置を決めるには, 天然物由来の試料を用いた手段ではほぼ不可能である。そのため, 合成化学が果たす役割は非常に大きい。以下に多様なフェロモンの構造の例を述べる。

a）性フェロモンの構造決定　ドイツの科学者ブテナント (Butenandt) は, 1961年に50万頭の雌のカイコから性フェロモン, **ボンビコール** (bombykol)（図 3.25（a））の構造を決定した。炭素数16の不飽和アルコールで, 合成品 1 attg/mL (attg は 10^{-12} μg) でカイコガ雄を興奮させられる。また, マイマイガの性フェロモンがディスパーリュア（図（b））であることも同時代に見

（a） ボンビコール　　（b） (7*R*, 8*S*)-ディスパーリュア

（c） ペリプラノン B　　（d） (*R*)-ジャポニリュア

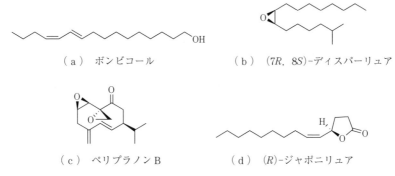

図 3.25 性フェロモンの例

出されている。ほかにも，オランダのパーソンズ（Persons）は 10 万匹のワモンゴキブリの糞と消化管から，200 μg の性フェロモン，ペリプラノン B(図(c))の構造を決定している。また，アメリカのタムリンソン（Tumlinson）らは，日本産マメコガネがアメリカにわたって繁殖したのを受け，マメコガネの性フェロモン，ジャポニリュア（図（d））の構造を決定した。

b） 複数の化合物の混合物にのみ活性を示すフェロモン　フェロモンの中には複数の化合物の混合物にのみ活性を示すものがある。例えばチャノコカクモンハマキの性フェロモンは，**図 3.26** に示すような構造の 4 成分の混合物に活性がある。一方で，リンゴカクモンハマキの性フェロモンは，**図 3.27** に示すようにチャノコカクモンハマキと同様の構造を利用しているが，異なる成分比をフェロモンとして使っている。

（a） 63 %　　（b） 31 %

（c） 4 %　　（d） 2 %

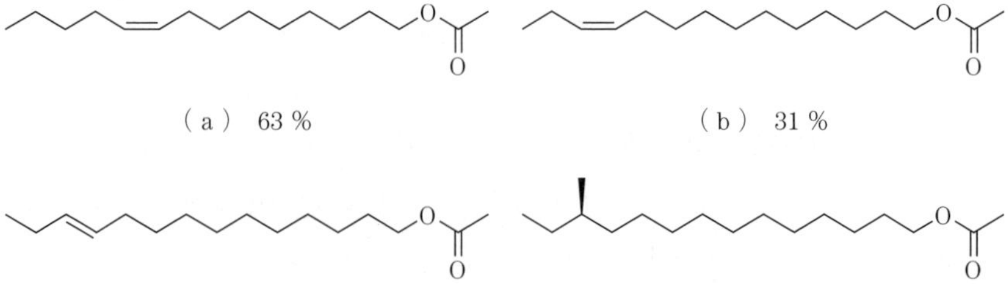

図 3.26 チャノコカクモンハマキの雌性フェロモン

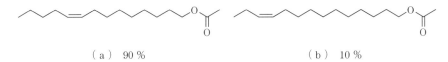

(a) 90%　　　　　　　　(b) 10%

図3.27　リンゴカクモンハマキの雌性フェロモン

c) 集合フェロモン・警報フェロモン・道しるべフェロモンの構造　性フェロモン以外にも，同種の他個体を誘引する集合フェロモンの化学構造に関する多くの研究がなされている。キクイムシの一種 *Ips paraconfusus* のオスは，集合フェロモンとしてテルペノイドのアルコール誘導体3種（イプセノール，イプスディエノール，*cis*-ベルベノール）の化合物の混合物を分泌し，雄雌の両方を誘引する（**図3.28**）。キクイムシの別の種 *Gnathotrichus sulcatus* は，スルカトールの R 体，S 体が 1：1 の混合物を集合フェロモンとする。一方で，その亜種である *Gnathotrichus retusus* は，S 体のみを活性型の集合フェロモンとする。このように，混合比による亜種間で使い分けをしている場合もある。

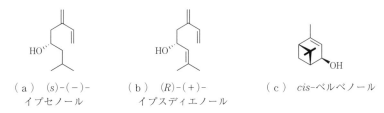

(a) (S)-(−)-　　　(b) (R)-(+)-　　　(c) *cis*-ベルベノール
イプセノール　　　イプスディエノール

図3.28　キクイムシ（*Ips paraconfusus*）の集合フェロモン

また，ハチ類の警報フェロモンとしては，多くの構造が明らかになっている。ハチの刺針の付属腺には，$C_4 \sim C_8$ のアルコール（1-ブタノール，イソペンタノール，1-ペンタノール，1-ヘキサノール，2-ヘプタノール，1-オクタノール）や酢酸エステル類，大顎腺中の 2-ヘプタノンがフェロモン活性を示す。そのうち，付属腺の揮発性の酢酸イソペンテニルは警報フェロモンとなる（**図3.29**(a)）。そのため，1匹のハチに刺されると，針の付属腺から酢酸イソペンテニルが揮発し，他のハチが襲撃してくる。

ほかにも，アリの道しるべフェロモンの化学構造も同定されている。例えば

(a) 酢酸イソペンテニル　　(b) 4-メチルピロール-2-カルボン酸メチル

図3.29 ハチの警報フェロモンとテキサスハキリアリの道しるベフェロモン

テキサスハキリアリの道しるべフェロモンは，タムリンソンらにより1971年にアリ3.7 kgから150 µgの活性物質 4-メチルピロール-2-カルボン酸メチルであることが同定されたが，その生理活性物質としての有効濃度は，80 fg/cmであった．

d） 体表ワックスのフェロモン作用　フェロモンは必ずしも揮発性の化合物とは限らない．例えば，昆虫の体表のワックス成分の一部の組成がフェロモンとして機能するときがある．昆虫の体は外骨格に覆われ，外側の固い殻はキチンを主成分としているが，最も外側の層は脂溶性のワックス成分で構成されている．この成分はクチクラ炭化水素（CHC：cuticlular hydrocarbon）と総称される．このCHCの物性から，多少の濡れた環境や雨などでも体を守ることができる．このCHCの成分や組成は，昆虫種によって構造が異なるため，昆虫の個体間のコミュニケーションツールとしてしばしば用いられる．例えば，クロオオアリは，同種でもコロニー毎に組成やその比率が異なるため，同巣識別のためのフェロモンとして利用されている．触角を介しておたがいの体表成分を認識し，異なる巣の個体に対しては攻撃を始める．

3.2.10　フェロモン受容体および結合タンパク質

〔1〕フェロモン結合タンパク質　フェロモンのように脂溶性で揮発性の物質は，細胞膜に到達するためには，細胞外マトリクスを通過する必要がある．昆虫のフェロモンはおもに触角などで認識されるため，触角で受容される脂溶性物質は基本的に脂溶性物質と結合するタンパク質を介して受容体の発現する細胞に輸送される．このような結合タンパク質はCBP（chemical binding protein）と総称され，種内に多様なCBPが認められる．フェロモンの結合タン

パク質は，特別に**フェロモン結合タンパク質**（PBP：pheromone binding protein）と呼ばれ，フェロモンを触角の神経細胞に到達するのを助ける。CBP も PBP も α ヘリックスに富み，脂溶性物質と結合しやすい構造になっている。

〔2〕 **フェロモン受容体の例**　フェロモン受容体は，7 回膜貫通型の受容体であるが，一般的な GPCR とは異なり，N 末端が細胞内にある。また，嗅覚受容体の一つである OR83b と共役し，イオンチャネルを形成する。つまり，フェロモンが受容されると，触角にあるフェロモン感受性の神経細胞のイオンチャネルが活性化し，情報を伝える仕組みである。感度は，1 分子を受容すると応答するということになっている。カイコの受容体は二つの GPCR が共役し，チャネル様の機能でフェロモンの刺激情報を細胞内に伝達する。

3.2.11　昆虫のフェロモンの農薬利用

〔1〕 **フェロモンの利用例**　低濃度で特異的に効果を発揮するフェロモンの特徴を利用すれば，農薬としての利用が可能となる。例えば，性フェロモンの利用法としては，害虫を 1 か所に集めて駆除することができる。通常のフェロモンはヒトや農畜産物に害はなく，易分解性であるため残留による環境汚染の心配はあまりない。現在，利用されているフェロモンの農産業利用は以下の 3 通りがある。

a）　モニタリング　農薬利用ではないが，害虫の発生度合いを知る（発生予察）ために行われる方法である。フェロモンを入れた誘引源（フェロモントラップ）を野外に設置し，トラップされた虫の数を調べ，害虫の発生予想に利用する。結果により，駆除に必要な手段を講じることができる。

b）　大量誘殺法　フェロモントラップを多く仕掛けて，害虫を大量に捕獲し農作物などの害虫による被害を抑える方法である。上述したジャポニリュアに対しては，この方法が応用されている。

c）　交信攪乱法　駆除を目的としている害虫の大量の性フェロモンを，住居環境などに散布し，害虫の雌雄間交信を攪乱することで交尾行動を阻害する方法である。生殖の機会が大幅に減少するので，次世代以降の害虫の数を激

減させることができる。屋内における害虫駆除に有効な方法と考えられている。

章 末 問 題

【1】 植物ホルモン生合成にはシトクロム P450 酸化酵素が関わっている場合が多い。その理由について考えよ。

【2】 MEP 経路で合成される部分構造をもつ植物ホルモン名を答えよ。

【3】 昆虫の脱皮および変態に関わるホルモンのうち，幼若ホルモン，エクジソンの構造を記せ。また，それらの生合成に関して知るところを述べよ。

【4】 フェロモンを用いた昆虫に対する農薬が開発されているが，その例を挙げ農薬としての作用メカニズムを述べよ。

【5】 昆虫生育阻害剤の標的となるのはどのような分子があるか，例を挙げて，その作用メカニズムに関して知るところを述べよ。

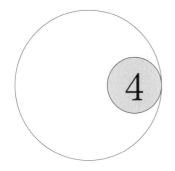

4 生物活性を有する微生物代謝産物と海洋天然物

4.1 抗生物質，医療用抗生物質

抗生物質（antibiotics）は，ワクスマンによって1942年に「微生物が産生し，ほかの微生物の発育を阻害する物質」と定義された。現在では，天然物から誘導した半合成による化合物や人工的に化学合成した抗菌性物質も含まれる。さらには，「ほかの微生物」のみならず抗腫瘍活性をもつ抗生物質も含まれるようになっている。抗生物質は作用の対象，作用機構，化学構造，用途別によって大きく分類される†。ここで紹介した化合物についての詳細は，第5章ならびに成書[1)~10)]に記されている。

抗生物質の作用には以下のようなものがある。

1）**細胞壁合成阻害** この作用をもつ抗生物質は，細胞壁合成を阻害する，あるいは障害を与える。その一方で，細胞壁をもたない人間の細胞を壊すことはない。β-ラクタム系，グリコペプチド系，ホスホマイシンなどの抗生物質が含まれる。

2）**タンパク質合成阻害** この作用をもつ抗生物質は，細菌の細胞質内

---

† 2015年の日本国内における抗生物質の売上高は，1位：ゾシン（ペニシリン系），2位：クラビット（ニューキノロン系），3位：メイアクト（セフェム系），4位：クラリスロマイシン（マクロライド系），5位：フロモックス（セフェム系），6位：ジェニナック（ニューキノロン系），7位：メロペン（カルバペネム系），8位：オゼックス（ニューキノロン系）となっている[11)]。

のリボソーム（リボゾーム）におけるタンパク質合成を阻害する。構造的に異なるヒト細胞のリボソームは，抗生物質の影響を受けない。テトラサイクリン系，アミノグリコシド系，マクロライド系，クロラムフェニコールなどの抗生物質がある。

3）**核酸合成阻害**　この作用をもつ抗生物質は，核内におけるDNAあるいはRNA合成を阻害する。キノロン系，サルファ剤，リファンピシンなどの抗生物質があり，キノロン系抗生剤はDNA合成を，リファンピシンはRNA合成を止める。

4.1.1　抗生物質の発見

抗生物質の最初の発見は，フレミングがアオカビ（*Penicillium* 属）の培養液から見つけた**ペニシリン**（penicillin）である（1928年）。1942年にペニシリンGが単離されて実用化され，第二次大戦の負傷兵や戦傷者を感染症から救った。それ以後，数々の誘導体（ペニシリン系抗生物質）が開発された。一方，ペニシリンの効果がない結核は，現在でも多くの患者が発症する感染症である。2015年には1 040万人が結核に罹患し，180万人が結核で死亡した（死亡の第一原因である）。ワクスマンは，土壌中の放線菌から結核菌に対する抗生物質ストレプトマイシンを発見した（1946年）。

現在実用化されている抗生物質の大部分は，カビまたは細菌などの土壌微生物の培養液から分離されたものや，それらを利用した合成品である。細菌由来の抗生物質の大部分は，放線菌（*Streptomyces* 属またはそれ以外）によって生産される。抗生物質の多くは1970年代以前に見出されたものであり，新規に発見されることがきわめて稀になった，あるいは上市までの時間がかかりすぎるため，多くの企業が開発を中止している。そこで海洋生物から探索する，遺伝子組換え体を利用する，あるいは合成化合物のライブラリーから探索するなどの試みが行われている。

4.1.2 抗生物質の選択性

抗生物質に求められる特性として，高い安全性と低い毒性が望まれる。そのため，人間（あるいは家畜や伴侶動物など）に作用することなく，感染源の病原菌にのみ活性を示す性質が望ましい。その結果，実用化に至った抗生物質は，病原性微生物やカビなどに存在するが，動物には存在しない組織や細胞，あるいは代謝経路や生合成機構を標的として作用する。細胞壁は，植物や菌類，細菌類の細胞にみられる構造で，動物細胞には存在しない。そのため，細胞壁の生合成を阻害する物質は微生物に対する選択阻害活性をもつ。細菌（原核生物）は，グラム染色により陽性菌と陰性菌の二つに分類される。**グラム陽性菌**は，厚いペプチドグリカン層で細胞膜（内膜）が覆われており，このペプチドグリカン層がエタノールによって脱色されないため，染色された紫色を呈する。**グラム陰性菌**はペプチドグリカン層が薄く，その内側（内膜）と外側を細胞膜（外膜）が覆っているため，簡単に脱色されて赤色を強く呈する。外膜はリポ多糖類とリポタンパク質で構成され，グラム陽性菌にはない特徴である。この構造は抗生物質が透過するのを防ぐため，一般に薬理効果を示さない例が多い。そのため，グラム陽性菌にのみ効果的な抗生物質と，グラム陽性菌と陰性菌の両方に作用する抗生物質がある。脂溶性の高いペニシリンGやエリスロマイシンAは，グラム陽性菌の枯草菌（*Bacillus subtilis*）や黄色ブドウ球菌（*Staphylococcus aureus*）に強い活性を示す。水溶性の高いストレプトマイシンやク

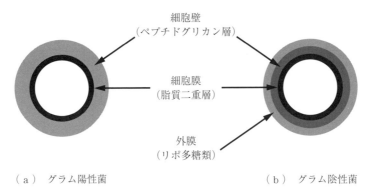

（a） グラム陽性菌　　　　　　　　　（b） グラム陰性菌

図4.1 グラム陽性菌とグラム陰性菌の細胞壁の模式図

ロラムフェニコール, テトラサイクリンは, グラム陽性菌, グラム陰性菌のいずれにも活性を示す (図4.1)。

4.1.3 β-ラクタム系抗生物質

医療用抗生物質は, 一般的に用途と化学構造によって分類される。β-ラクタム系抗生物質は, 特徴的な環構造 (4員環アミド構造) をもつ化合物群である。ペニシリン系化合物と**セファロスポリン** (cephalosporin) に代表されるセフェム系化合物に分けられ, いずれも細菌の細胞壁合成を阻害する。天然から得られる種々のβ-ラクタム系化合物は, 主として側鎖の構造 (R, R_1, R_2) の違いである (図4.2)。側鎖構造の違いは活性に影響するので, 多数の誘導体が化学合成されている。

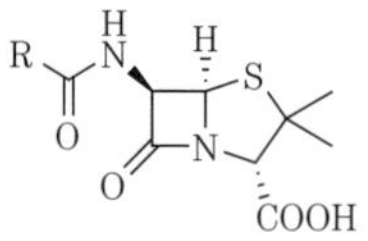

(a) ペニシリン系 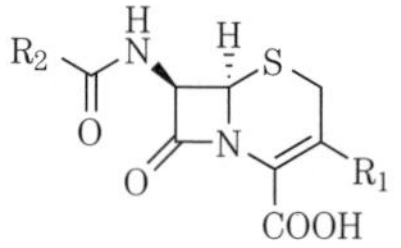　　　(b) セフェム系

図4.2 ペニシリン系とセフェム系化合物の骨格構造

放線菌の *Streptomyces clavuligerus* は, L-α-アジピン酸, L-バリン, L-システインが縮合してトリペプチドになり, ついで環化酵素によりイソペニシリンNになる。側鎖がベンジル基に置換されてペニシリンGが生成し, 一方L-α-アジピン酸の側鎖がD-に変換してペニシリンNになり, さらに環の拡大を経てセファロスポリンCあるいはセファマイシンCが生合成される (図4.3)。

4.1.4 アミノグリコシド (アミノサイクリトール) 系抗生物質

6炭素の環状構造 (サイクリトール) とアミノ基, ヒドロキシ基が特徴の水溶性化合物群であり, それら置換基の位置や有無によって多数の化合物が存在する。*Streptomyces griseus* を生産菌とする**ストレプトマイシン** (streptomycin) は, タンパク質合成を阻害 (結核菌, ペスト菌) する (図4.4 (a))。結核 (マイ

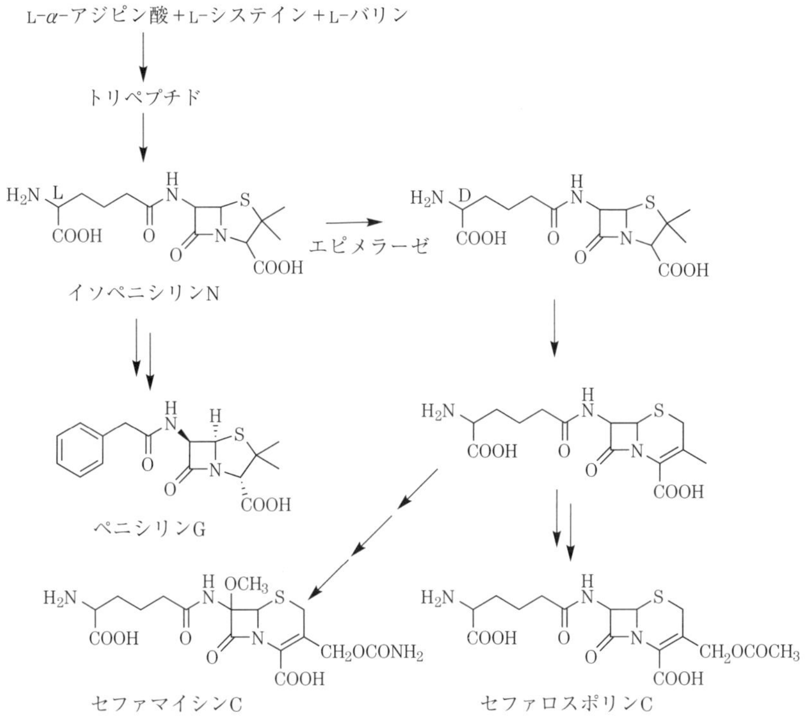

図4.3 β-ラクタム系抗生物質の生合成の経路図

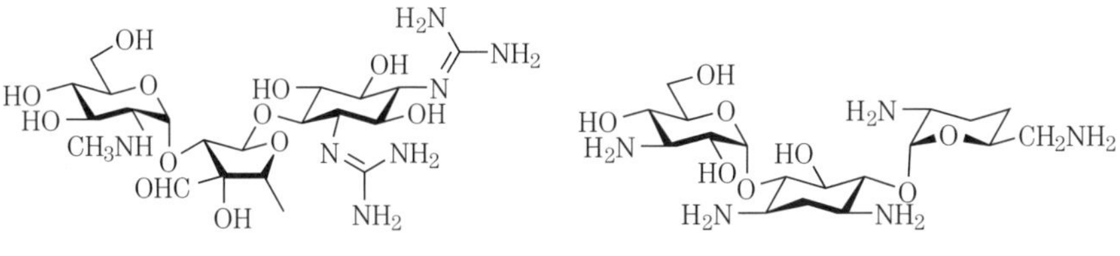

（a） ストレプトマイシン　　（b） ジベカシン

図4.4 ストレプトマイシンとジベカシンの構造

コバクテリウム属の細菌，おもに結核菌 *Mycobacterium tuberculosis* による感染症）の治療に用いられた最初の抗生物質である。アミノ基やヒドロキシ基が，アセチル化，リン酸化，アデニル化などによって不活性化される。そこでこれらのアシル化を受けないような構造に改変することで，耐性菌による不活性化を防ぐことができるはずである。ジベカシンが，そのような一例である（図（b））。

4.1.5 ポリケチド系抗生物質

プロピオン酸などを利用するポリケチド経路で生合成されるマクロライド類、アンサマイシン類、テトラサイクリン類、アンスラサイクリン類である。

〔1〕 **マクロライド系抗生物質**　　放線菌 *Streptomyces* 属などが生産するタンパク質合成阻害剤で、広い抗菌スペクトラム（連鎖球菌、肺炎球菌、ブドウ球菌、腸球菌、細胞内寄生菌、マイコプラズマ）をもつ。14員環、15員環あるいは16員環の大環状ラクトン構造が特徴で、メチル基、ヒドロキシ基やカルボニル基、デオキシ糖が結合している。14員環化合物ではエリスロマイシンやクラリスロマイシンが、16員環化合物ではロイコマイシン（leucomycin）やジョサマイシン（josamycin）などがある。

エリスロマイシン（erythromycin）は、6位のヒドロキシ基と9位のカルボニル基の間でヘミアセタールを形成して失活する（**図4.5**でR＝Hのとき）。6位をメトキシ基にした**クラリスロマイシン**（clarithromycin）は、安定性に優れ、かつ抗炎症作用があることなどから広範囲に使用されている[13]（図4.5でR＝CH$_3$のとき）。*Helicobacter pylori* の感染は、慢性萎縮性胃炎、胃潰瘍、十二指腸潰瘍、さらには胃がんを発症すると考えられる。除菌治療には、胃酸分泌抑制薬と抗生物質のアモキシシリン（β-ラクタム系抗生物質）、クラリスロマイシンの組み合わせが一般的である。

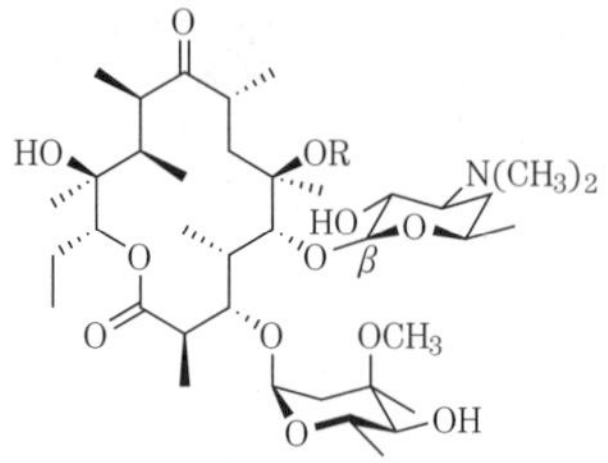

図4.5　代表的なマクロライド抗生物質

R＝Hのとき、エリスロマイシン
R＝CH$_3$のとき、クラリスロマイシン

〔2〕 **ポリエンマクロライド系抗生物質**　*Streptomyces* 属の放線菌を生産菌とし，真菌に有効である。*Streptomyces noursei* が生産する**ナイスタチン**（nystatin）と *S. nodosus* が生産する**アンフォテリシン B**（amphotericin B）は，毒性が強いものの消化管カンジダ症に使用される（**図 4.6**）。

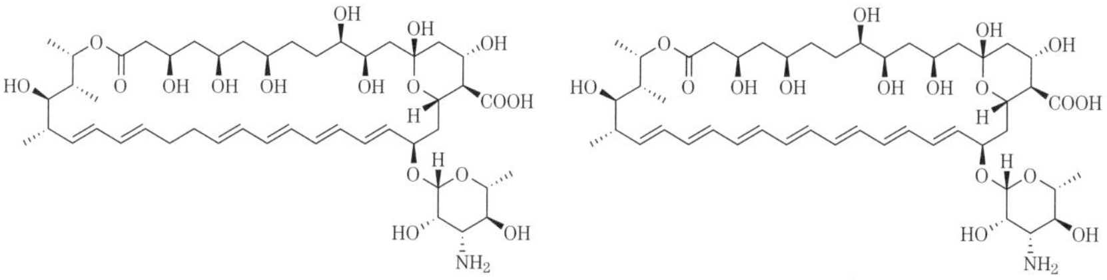

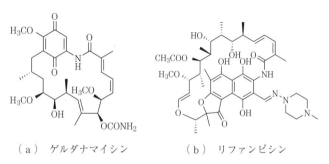

（a）ナイスタチン　　　　　　（b）アンフォテリシン B

図 4.6　ナイスタチンとアンフォテリシン B の構造

〔3〕 **アンサマイシン系抗生物質**　*Streptomyces* 属の放線菌を生産菌とし，グラム陽性菌，一部のグラム陰性菌，一部のウイルスに有効な RNA 合成阻害剤である。

ゲルダナマイシン（geldanamycin）は，*Amycolatopsis mediterranei* が生産するアンサマイシン（ansamycin）の一種で，芳香族発色団と鎖状構造がアミド結合した大環状化合物である（**図 4.7**（a））。天然のリファマイシン（rifamycin）はグラム陽性菌，抗酸性菌に抗菌力を示し，合成誘導体の**リファンピシン**（rifampicin）はグラム陰性菌にも活性を示す（図（b））。

（a）ゲルダナマイシン　　　　　　（b）リファンピシン

図 4.7　ゲルダナマイシンとリファンピシンの構造

〔**4**〕 **テトラサイクリン系抗生物質**　放線菌 *Streptomyces* 属を生産菌とするタンパク質合成阻害剤である（**図4.8**（a））。ブドウ球菌・肺炎球菌などのグラム陽性菌，赤痢菌・大腸菌などのグラム陰性菌，リケッチア・クラミジアなどの感染症に活性を示す。半合成の**ミノサイクリン**（minocycline）は，動物用医薬品としても使用される。耐性サルモネラ菌が問題となり使用は制限されている（図（b））。

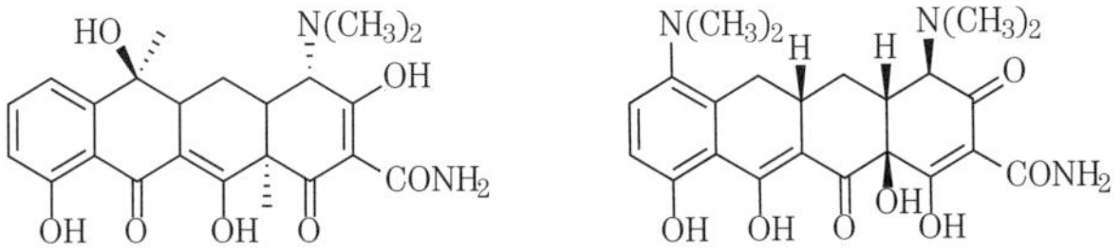

（a）テトラサイクリン　　（b）ミノサイクリン

図4.8　テトラサイクリンとミノサイクリンの構造

4.1.6　その他の抗生物質

〔**1**〕 **キノロン，ニューキノロン系化学合成抗生物質**　**キノリン**（quinoline）骨格の1か所をカルボニル基で置き換えた構造をもつ合成抗菌剤である。DNAジャイレースを阻害し，グラム陰性菌，グラム陽性菌に有効なものが開発されており，結核菌にも効果がある。ナリジクス酸は，第Ⅰ世代の**キノロン**（qui-

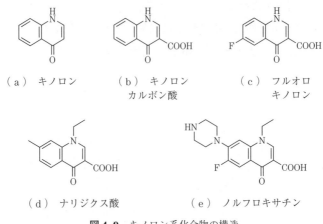

（a）キノロン　　（b）キノロン　　　（c）フルオロ
　　　　　　　　　　カルボン酸　　　　　　キノロン

（d）ナリジクス酸　　　（e）ノルフロキサチン

図4.9　キノロン系化合物の構造

nolone）であり，ここにさまざまな置換基を付与することによって，さまざまな抗菌スペクトルを持った化合物が生み出された．第Ⅰ世代キノロン系薬剤はオールドキノロン，第Ⅱ～Ⅲ世代はニューキノロンと呼ばれる（図 **4.9**）．

〔2〕 **クロラムフェニコール** **クロラムフェニコール**（chloramphenicol）は，放線菌 *Streptomuyces* 属から得られ，グラム陽性，陰性にかかわらず，多くの微生物に対して有効であるが，現在はコレラの治療に用いられる（図 **4.10**（a））．

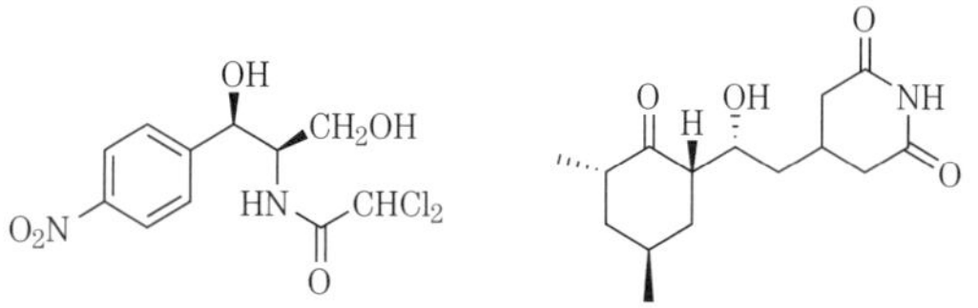

（a） クロラムフェニコール　　（b） シクロヘキシミド

図 4.10 クロラムフェニコールとシクロヘキシミドの構造

〔3〕 **シクロヘキシミド** **シクロヘキシミド**（cycloheximide）は，放線菌 *Streptomyces* 属を生産菌とする，真核生物のタンパク質合成阻害剤である．エチレン産生を刺激する植物成長調整剤，動物の駆除剤あるいは殺鼠剤として使われる（図（b））．

〔4〕 **グリコペプチド系抗生物質** 放線菌 *Streptomyces orientalis* を生産菌とする**バンコマイシン**（vancomycin）は，β-ラクタム系抗生物質とは作用機構が異なるため，メチシリン耐性黄色ブドウ球菌（MRSA）に有効な抗生物質である（図 **4.11**（a））．MRSA の治療に用いられてきたが，病原性の高いバンコマイシン低度耐性黄色ブドウ球菌（VISA）とバンコマイシン耐性ブドウ球菌（VRSA）の存在が報告されている．**ミカファンギン**（micafungin）は，*Coleophoma empetri* を生産菌とする環状のポリペプチド化合物である．真菌の細胞壁合成を阻害するため，*Candida* 属，*Aspergilus* 属に有効であり，アンフォテリシン B などよりも安全性が高い（図（b））．

〔5〕 **ポリエーテル系抗生物質** 放線菌 *Streptomyces cinnamonensis* を生産菌とする**モネンシン**（monensin）は，構造が明らかになった最初のポリエー

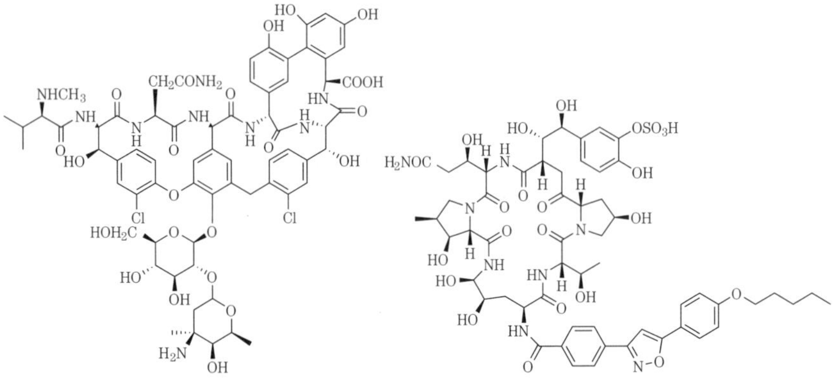

(a) バンコマイシン (b) ミカファンギン

図 4.11 バンコマイシンとミカファンギンの構造

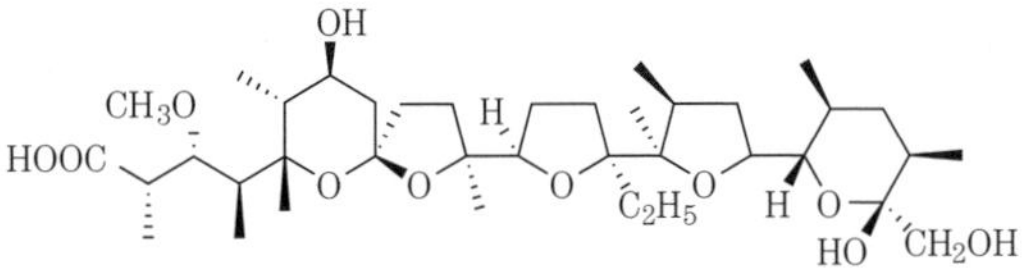

図 4.12 モネンシンの構造

テル系抗生物質である.陽イオン,タンパク質輸送を阻害し,動物の殺寄生虫薬として広く用いられる(**図 4.12**).

〔6〕**エバーメクチン** 放線菌 *Streptomyces avermitilis* を生産菌とする,無脊椎動物のイオンチャネルの阻害剤である.**エバーメクチン**(avermectin)(**図 4.13**)は,無脊椎動物に特有なイオンチャネルにおけるグルタミン酸の作

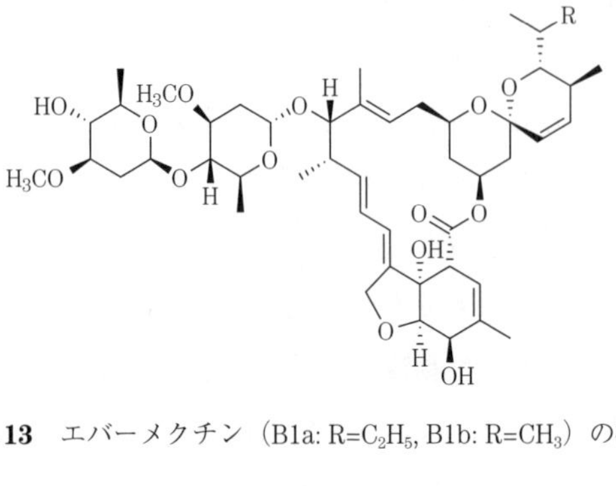

図 4.13 エバーメクチン(B1a: R=C_2H_5, B1b: R=CH_3)の構造

用を阻害することによって，神経細胞および筋細胞への電気的シグナルを遮断する。構造を改変した誘導体**イベルメクチン**（ivermectin）は，ヒトや動物の寄生虫駆除薬として開発され，オンコセルカ症やリンパ系フィラリア症（象皮病）など，寄生虫による感染症の特効薬として世界的に使われるようになった。エバーメクチン発見に対して大村智に，寄生虫感染症治療法の開発に対してウィリアム・キャンベルに 2015 年のノーベル生理学・医学賞が与えられた[13]（1.6 節の〈Coffee Break〉"天然物化学とノーベル生理学・医学賞"参照）。

4.2 抗がん抗生物質

　微生物と動物細胞や組織の間ではゲノム配列や遺伝子に多くの違いを見出すことができるため，生合成や代謝経路の違いを利用して抗生物質を探索することが可能である。それに対し，1 個のがん細胞を見た場合，正常細胞との違いを指摘することは極めて困難である。20 世紀における抗がん剤の探索は，培養がん細胞に対する毒性を指標として行われた。このようにして発見された抗がん剤は，おおむね選択性に乏しく，また重大な副作用が出やすい。DNA 合成あるいは RNA 合成を阻害する化合物は正常細胞にも影響するとともに，脱毛，体重減少，白血球減少，吐き気などの強い副作用をもつ。現在では，がん細胞に特異的な生物分子や生体機能を標的にした研究が行われている。白血病薬のグリベックが代表的な例と言える。また，がん細胞特的な抗原を認識する抗体医薬の開発が世界的な潮流で，ヒト型抗ヒト PD-1 モノクローナル抗体製剤のオプジーボは，2018 年のノーベル生理学・医学賞を受賞している。

〔1〕**ドキソルビシン**　　**ドキソルビシン**（doxorubicin）別名**アドリアマイシン**（adriamycin）は，*Streptomyces peucetius* を生産菌とする最も効果的な抗がん治療薬であり，多くの種類のがんに対して有効である。DNA 鎖の塩基対間に挿入し，腫瘍細胞の DNA 転写および DNA 複製を阻害する。一般的な骨髄障害のほかに，蓄積性の心毒性がある（**図 4.14**（a））。心毒性が少ないことを特徴とする**エピルビシン**（epirubicin）は，4' 位のヒドロキシ基の立

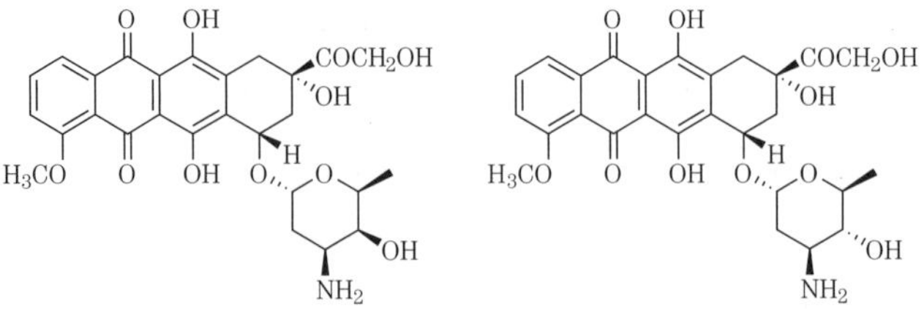

(a) ドキソルビシン (b) エピルビシン

図 4.14　ドキソルビシンとエピルビシンの構造

体異性体である（図（b））。

〔2〕**マイトマイシン C**　マイトマイシン C（mitomycin C）は，放線菌 *Streptomyces caespitosus* を生産菌とし，多数のがんに使用されるが骨髄抑制，白血球減少を起こしやすい（**図 4.15**（a））。

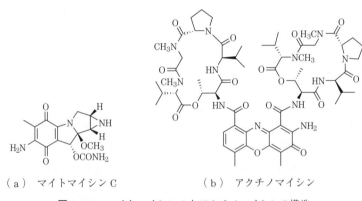

(a) マイトマイシン C　　(b) アクチノマイシン

図 4.15　マイトマイシン C とアクチノマイシンの構造

〔3〕**アクチノマイシン**　アクチノマイシン（actinomycin）は，放線菌 *Streptomyces antibioticus* を生産菌とする，放線菌の培養液から発見された最初の抗生物質であり，抗がん作用が発見された初めての抗生物質である（図（b））。

〔4〕**ブレオマイシン**　ブレオマイシン（bleomycin）は，放線菌 *Streptomyces verticillus* が生産する分子量約 1 400 のポリペプチド系抗生物質で，

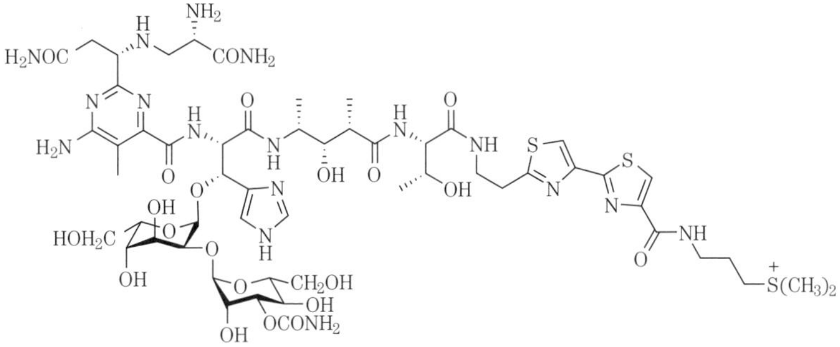

4.2 抗がん抗生物質   141

図4.16 ブレオマイシンの構造

扁平上皮がん・悪性リンパ腫などの悪性腫瘍に有効である（**図4.16**）。

〔5〕**エポチロン**　エポチロン（epotilone）は，真性細菌 *Myxobacteria* 属が生産し，微小管の脱重合阻害活性をもつ乳がん治療薬である。大量生産することができないため，エポチロンの生合成遺伝子を放線菌 *Streptomyces coelicolor* に組み替えて生産する（**図4.17**（a））。エポチロンBのエステル結合をアミド結合に置換したイクサベピロン（ixabepilone）は，2007年に乳がん治療薬としてアメリカ食品医薬品局（FDA）の認可を受けている（図（b））。

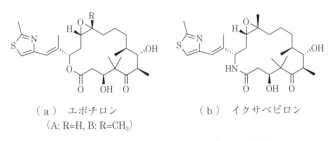

（a）エポチロン
（A: R=H, B: R=CH$_3$）

（b）イクサベピロン

図4.17 エポチロンとイクサベピロンの構造

4.3　農業用抗生物質

農業用の抗菌剤，殺虫剤として使われる抗生物質には，タンパク質合成阻害剤の**ブラストサイジンS**（blasticidin S）（生産菌：*Streptomyces griseochromogenes*）や（**図4.18**（a）），細胞壁合成阻害剤の**ポリオキシン**（polyoxin）（生産菌：*Streptomyces chromogenus Streptomy-ces cacaoi var. asoensis*）（図（b）），他に**ミルディオマイシン**（mildio-mycin）（生産菌：*Streptoverticillium rimofaciens*）などがある。*Streptomyces hygroscopicus* が生産する除草剤の**ビアラフォス**(bialaphos)は，グルタミン生合成阻害剤である（**図4.19**（a））。

C-P結合の除草剤としては，合成除草剤の**グリホサート**（glyphosate）がある（図（b））。

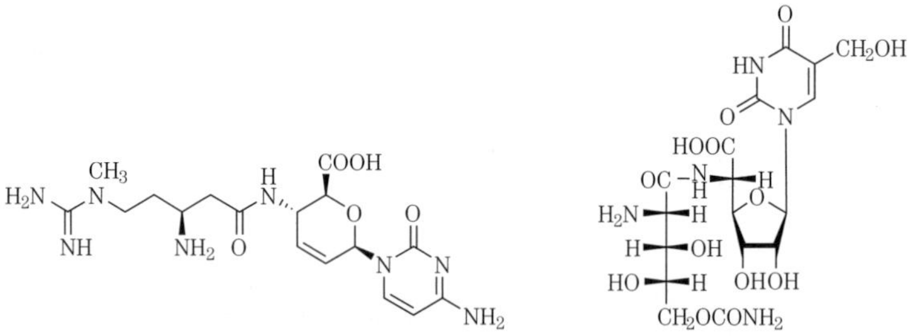

（a）　ブラストサイジンS　　　　　（b）　ポリオキシン

図4.18　ブラストサイジンSとポリオキシンの構造

（a）　ビアラフォス　　　　　（b）　グリフォサート

図4.19　ビアラフォスとグリフォサートの構造

4.4 その他の薬理学的活性を有する微生物産物

現代の医薬品探索において，膨大な合成化合物ライブラリーを用いるハイスループットスクリーニングは，特に酵素阻害剤の探索に向いている。天然物は合成化合物と比べて供給量が少なく，かつ不安定な場合が多いが，微生物は多種多様な生理活性物質を生産しており，医薬開発を目的とする天然物の探索においても，多彩な有用化合物を探索することが可能である。

〔1〕 **HMG-CoA 還元酵素阻害剤** コレステロールは細胞を構成する必須の化合物であるが，高コレステロール血症は，動脈硬化症を原因とする虚血性心疾患の危険因子となる。メバロン酸経路を阻害することで，コレステロール合成を阻害する化合物を探索して見出された[14]。**メバスタチン**（mevastatin）は，*Penicillium citrinum* を生産菌とする HMG-CoA 還元酵素阻害剤である（**図 4.20**（a））。HMG-CoA 還元酵素阻害剤を探索した遠藤章らは，*Penicillium citrinum* からメバスタチンを発見した[15]。その後に，*Aspergillus terreus* が生産する**ロバスタチン**（lovastatin）が，コレステロール低下作用と安全性から実用化された（図（b））。誘導体のプラバスタチンがメバロチンとして認可されている（図（c））。

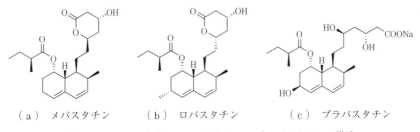

（a） メバスタチン　　（b） ロバスタチン　　（c） プラバスタチン

図 4.20 メバスタチン，ロバスタチン，プラバスタチンの構造

〔2〕 **プロテアーゼ，ペプチダーゼ阻害剤** **ウベニメクス**（ubenimex）（**図 4.21**（a）），**ベスタチン**（bestatin）は，*Streptomy-ces abikoensis* を生産菌

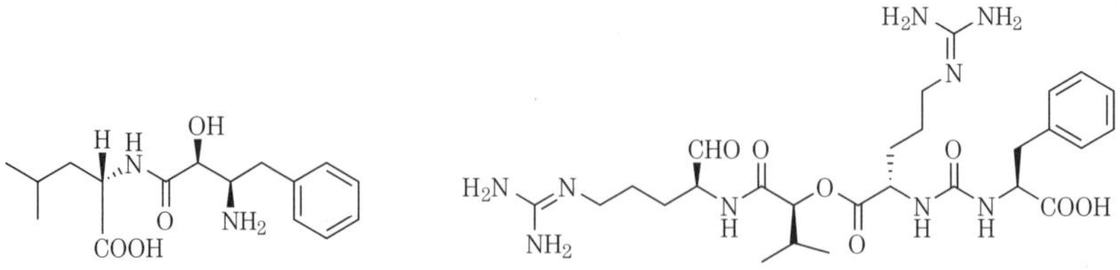

（a）ウベニメクス　　　　　　（b）アンチパイン

図 4.21　ウベニメクスとアンチパインの構造

とするアミノペプチダーゼ阻害剤である（免疫増強作用）。**アンチパイン**（antipain）（図（b））は，*Streptomyces sp.* を生産菌とするセリンプロテアーゼ，システインプロテアーゼの阻害剤である。

〔3〕　**キナーゼ阻害剤（合成化合物）**　　タンパク質のセリン，スレオニン，チロシン残基のリン酸化は，多様な細胞内メカニズム（転写，翻訳，分子輸送，タンパク質相互作用など）を制御している。キナーゼは，高エネルギーリン酸結合を有する ATP などの分子から，リン酸基を基質あるいはターゲット分子に転移する。キナーゼはがん細胞の増殖，移動，浸潤やアポトーシス（細胞死）の調節に関与しており，機能の異常は病気の原因になることも多い。**ゲフィチニブ**（Gefitinib，イレッサ）や**イマチニブ**（imatinib，グリベック）は，特定のキナーゼを阻害する分子設計がなされており，分子標的薬といわれる合成化合物である（**図 4.22**）[16]。

〔4〕　**免疫抑制剤**　　免疫系は，自己と異なる外来因子（病原体，毒素），

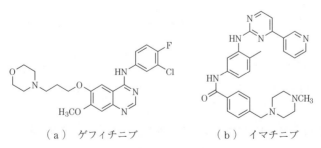

（a）ゲフィチニブ　　　　　（b）イマチニブ

図 4.22　ゲフィチニブ（イレッサ）とイマチニブ（グリベック）の構造

その他の異物などを非自己として認識し排除する生体防御系である。先天的な自然免疫と後天的な獲得免疫がある。免疫系には，抗体がつくられる液性免疫と，免疫細胞が働く細胞性免疫がある。臓器移植における拒絶反応は細胞性免疫によるものである。

シクロスポリンA（cyclosporin A）（**図4.23**（a））は，*Trichoderma inflatam*（*Tolypocladium inflatum*）を生産菌とするカルシニューリン阻害剤である。腎移植や肝移植における拒絶反応抑制薬として使われたが，腎障害，肝障害，血圧上昇，神経障害などの副作用があり，より安全な免疫抑制剤が望まれた。*Streptomyces tuskubaensis* が生産する**タクロリムス**（tacrolimus, FK506）（図（b））は，より安全な免疫抑制剤を目的として探索された，細胞性免疫と体液性免疫の両方を抑制する23員環マクロライドである。FKBP（FK506 binding protein），カルシニューリンと複合体を形成する。

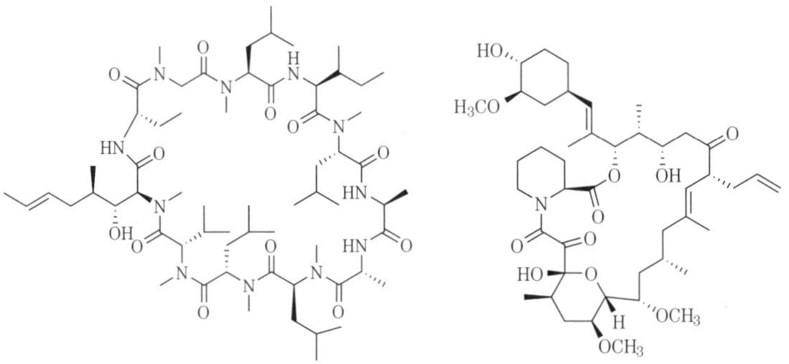

（a）シクロスポリンA　　（b）タクロリムス

図4.23 シクロスポリンAとタクロリムスの構造

4.5　生理活性海洋天然物

海洋には，陸上には見られない独特の生活様式をもつ生物（動物，植物，細菌など）が存在する。特に海洋生物が生産する二次代謝産物には，地上の生物と大きく異なる化学構造をもつものが発見されている。また毒性，抗菌性，抗

腫瘍性など，生物活性などの面から大きな関心が集まっている．近年になり，海洋天然物を利用または改変した医薬化合物が開発されている．

植物や海洋生物の抽出物から探索した結果，ホヤ（*Ecteinascidia turbinata*）から抗腫瘍活性物質**トラベクテジン**（trabectedin）（エクテイナシジン 743）が得られた．DNA に結合する結果，ヌクレオチド除去修復機構が阻害され，アポトーシス（がん細胞の細胞死）を誘導することで腫瘍細胞の増殖を抑える．現在は軟部肉腫および卵巣がんの治療薬として認可されており，抗生物質サフラシン B（safracin B, 微生物 *Pseudomonas fluorescens* が生産する）から合成される（図 4.24）．

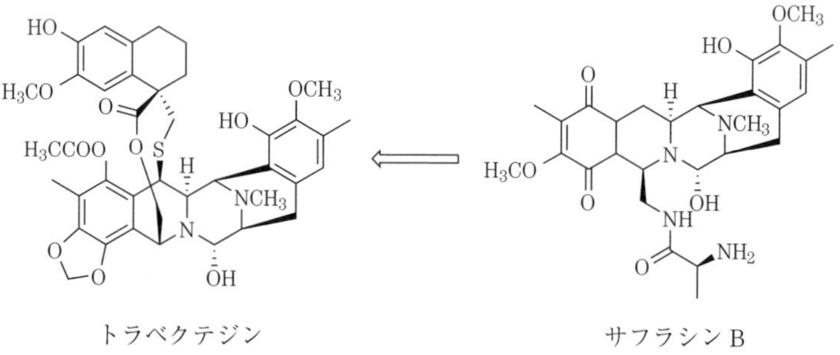

図 4.24　トラベクテジンはサフラシン B から合成される

＜Coffee Break＞ "エンジイン系化合物"

ネオカルジノスタチン（neocarzinostatin）は，不安定な発色団（環状エンジイン（enediyne）構造）と 113 アミノ酸のアポタンパク質が，非共有結合している．東京大学の瀬戸らによって提唱された[19]，初めての二環性ジイン構造である（図（a））．

カリケアミシン $\gamma 1$[20]（図（b））および類似の**エスペラミシン**[21]（図（c））は，知られている中で最も強力な抗腫瘍剤である．**ダイネミシン A**（dynemicin A）[22]（図（d））は，X 線結晶構造解析により，環状エンジイン構造の存在が直接的に証明された物質である．

(a) ネオカルチノスタチン

(b) カリケアミシン γ1

(c) エスペラミシン

(d) ダイナミシン A

図　エンジイン系化合物

> **＜Coffee Break＞ "ハリコンドリンBとエリブリン"**

名古屋大学の上村，平田らが 600 kg のクロイソカイメン *Halichondria okadai* から得た**ハリコンドリンB**は，わずか 12.5 mg であった[23]（**図**(a)）。チューブリンを標的とする細胞分裂阻害を示し，非常に強い抗がん活性を示した。ハーバード大学の岸らによるハリコンドリンBの全合成には 138 工程を必要としたため，構造活性相関研究により，ハリコンドリンBと同等の抗腫瘍活性を示す化合物を見出した。エーザイは岸らとともに構造を最適化し，*in vitro*, *in vivo* 評価モデルにおいて理想的な活性を示す**エリブリン**を開発した（64 工程の合成）[24]（図（b））。悪性軟部腫瘍および手術不能または再発乳がんなど対する抗がん剤として，2010 年に米国，2011 年に欧州，カナダ，日本で認可された。

（a） ハリコンドリンB（138 工程）

（b） エリブリン（64 工程）

図　ハリコンドリンBとエリブリン

章　末　問　題

【1】 サリノスポラミド A（salinosporamide A）（**問図 4.1**）は，海洋微生物から得られた二環性 γ-ラクタム-β-ラクトン化合物で，メラノーマ（悪性黒色腫）の抗腫瘍薬として開発が続けられている。

（1） サリノスポラミド A は，三つの部分構造から生合成される[18]。三つの部分構造とはどれか。サリノスポラミド B を参考にして答えよ。

（2） サリノスポラミドは，テロロースとブチリル CoA，およびシキミ酸経路で合成されるアミノ酸から下記の経路で合成される。β-ラクタム系抗生物質の生合成経路との違いを述べよ。

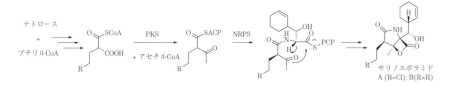

問図 4.1　サリノスポラミド A の生合成経路

【2】 エバーメクチンとイベルメクチンについて以下の設問に答えよ。
（1） 化学構造を比較し，その相違について記載せよ。
（2） それぞれの作用機構について記載せよ。
（3） エバーメクチンの生合成について，その概略を記載せよ。

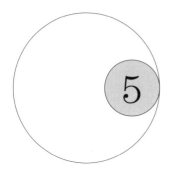

5 受容体と結合タンパク質の決定法

5.1 抗生物質の作用機構

抗生物質を含めた抗菌剤を作用機構の観点で分類すると,以下のように分類される。

- **細胞壁合成阻害:** β-ラクタム系,ホスホマイシン系,バンコマイシンなど
- **細胞膜機能阻害:** ポリペプチド系,ポリエン系など
- **タンパク質合成阻害:** アミノグリコシド系,テトラサイクリン系,マクロライド系,リンコマイシン系,クロラムフェニコール系など
- **核酸合成阻害:** ニューキノロン系,アンサマイシン系など
- **葉酸合成阻害:** サルファ剤,トリメトプリムなど

本節では,これら抗菌剤の中でも,微生物由来の抗生物質(天然物)の作用機構を中心に解説する。

5.1.1 細胞壁合成阻害

細菌には細胞壁があるのに対し,ヒトの細胞には細胞壁がない。そのため,細胞壁の合成阻害剤は細菌に選択的に作用することができる。

〔1〕 **β-ラクタム系抗生物質** このグループに属する化合物は,β-ラクタム環(4員環の環状アミド構造)を有していることから,β-ラクタム系抗生物質と呼ばれる。天然から得られる代表的な化合物は,ペニシリン系化合物(ペナム骨格を有する抗生物質)とセフェム系化合物(セフェム骨格を有する抗生

物質）に大きく分類されるが，両者とも細菌の細胞壁の主要成分であるペプチドグリカンの生合成を阻害する（図 5.1）。これら化合物は，ペニシリン結合タンパク質（PBP）に結合し，特にムレイン架橋を阻害することにより抗菌力を示す。いずれも置換基を化学修飾することによって，薬剤として優れた誘導体に変換されている。β-ラクタム系抗生物質は，細菌の β-ラクタマーゼの作用によって β-ラクタム環が開裂して不活性化される。耐性菌の中には β-ラクタマーゼを産生して，薬剤耐性を示すものもある。そこで，クランブラン酸などの β-ラクタマーゼ阻害剤を β-ラクタム系抗生物質と併用することで，抗生物質の分解を防ぐことができる。

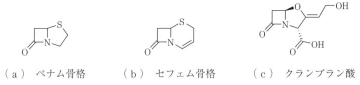

（a）ペナム骨格　　（b）セフェム骨格　　（c）クランブラン酸

図 5.1 β-ラクタム系抗生物質の代表的な骨格と β-ラクタマーゼ阻害剤クランブラン酸の構造

a）ペニシリン　　ペニシリン（ベンジルペニシリン，ペニシリン G）は青カビ *Penicillium notatum* から単離された（図 5.2）。後に *Penicillium chrysogenum* からも単離されている。ペニシリン G（penicillin G）はグラム陽性菌に強い効果を示すが，その高い脂溶性のためグラム陰性菌には弱い効果しか示さない。しかし，ベンジル側鎖を化学的にほかの置換基に変えることによって，グラム陰性菌に対してもかなりの活性を示す誘導体（半合成ペニシリ

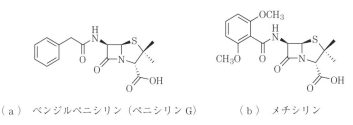

（a）ベンジルペニシリン（ペニシリン G）　　（b）メチシリン

図 5.2 ベンジルペニシリンとメチシリン

ン）が調製されている．代表的な化合物としてメチシリンが挙げられる．メチシリン（methycilline）はペニシリンよりも優れた活性を有し，広範囲に使用されていた．しかし，これに耐性を示す黄色ブドウ球菌MRSA（メチシリン耐性黄色ブドウ球菌，methicillin resistant *Staphylococcus aureus*）が出現し，臨床上大きな問題となっている．

b） セファロスポリンC セファロスポリンC（cephalosporin C）は，*Cephalosporium acremonium* によって生産されるβ-ラクタム物質であるが，母核として7-アミノセファロスポラン酸（7-ACA）を有している（**図5.3**）．セファロスポリンC自身は活性が弱かったが，側鎖を置換した多数の優れた誘導体が化学合成され，広く使用されている．

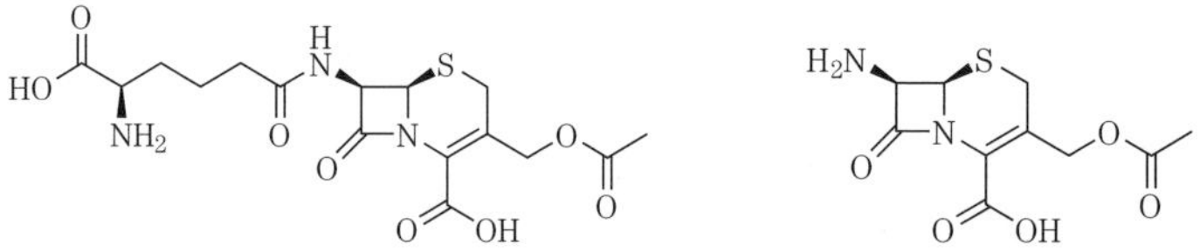

（a） セファロスポリンC　　（b） 7-アミノセファロスポラン酸（7-ACA）

図5.3 セファロスポリンCと7-アミノセフェスポラン酸

〔2〕 **ホスホマイシン** ホスホマイシン（phosphomycin）は，1967年にスペインの土壌から分離された *Streptomyces fradiae* の培養液中に発見された抗生物質である（**図5.4**）．ホスホマイシンも細菌の細胞壁のペプチドグリカン合成を阻害することにより抗菌活性を示す．しかし，β-ラクタム系抗生物質とは異なり，細胞壁のムレイン架橋を阻害するのではなく，ムレイン単体生

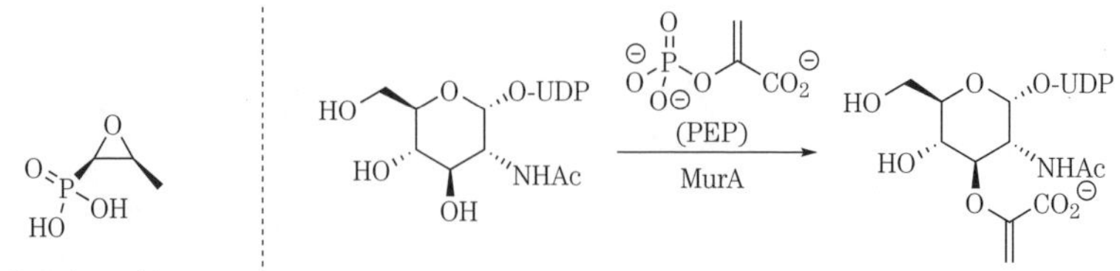

ホスホマイシン　　UNAG　　EP-UNAG

図5.4 ホスホマイシンの構造とMurAが触媒する反応

合成を阻害する。つまり，ホスホマイシンはMurA（UDP-*N*-アセチルグルコサミンエノールピルビン酸トランスフェラーゼ）を阻害して抗菌活性を示す。MurAはペプチドグリカンの生合成に関わる酵素で，ホスホエノールピルビン酸（PEP）をUDP-*N*-アセチルグルコサミン（UNAG）の3′位のヒドロキシ基へ転移させる酵素である。

〔**3**〕 **バンコマイシン**　バンコマイシン（vancomycin）は，*Streptomyces orientalis* の培養ろ液中に発見された物質で，MRSAに有効な，数少ない抗生物質の一つである（**図5.5**）。バンコマイシンは細胞壁合成前駆体であるD-Ala-D-Ala構造と強く結合し，細胞壁の合成を阻害する。

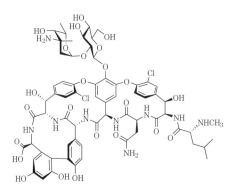

図5.5　バンコマイシンの構造

5.1.2　細胞膜機能阻害

細胞膜の構成成分の違いを利用して，細菌や真菌に選択的に作用する。例えば，エルゴステロールは真菌の細胞膜を構成する脂質であり，細胞膜の流動性の恒常性を保つ。ヒトの細胞膜はエルゴステロールで構成されていないため，エルゴステロールを阻害する薬は真菌に対して選択毒性を示す。

〔**1**〕 **ポリペプチド系抗生物質**　コリスチン（colistin）やポリミキシンB（polymixin B）などのポリミキシン系抗生物質は，*Bacillus polymyxa* またはその近縁菌が産生する抗生物質である（**図5.6**）。これら抗生物質は細菌細胞膜に作用し，膜透過性を変化させることにより殺菌的に作用する。

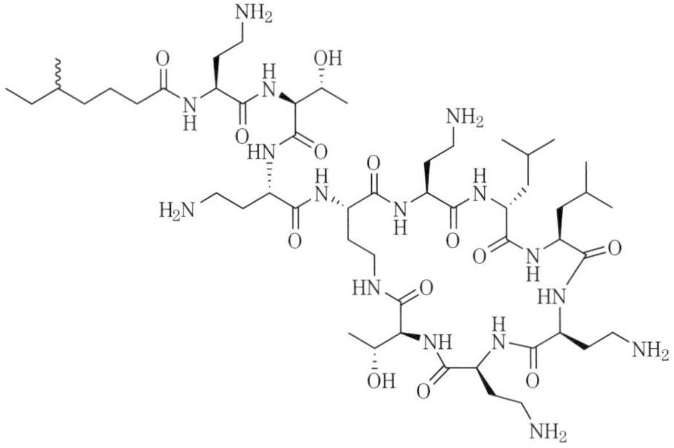

(a) コリスチン

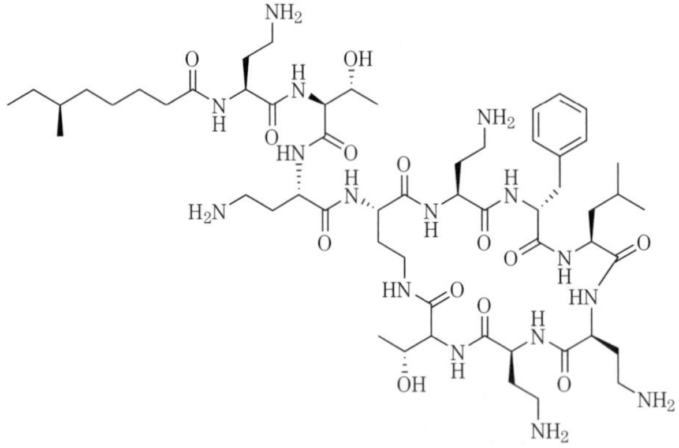

(b) ポリミキシンB

図 5.6 コリスチンとポリミキシンBの構造

〔2〕 **ポリエン系抗生物質** ポリエンマクロライドは大環状ラクトン構造を有する。環構造が大きく，複数の共役二重結合を含むのが特徴である（**図 5.7**）。ポリエン系抗生物質は，真菌の細胞膜中のエルゴステロールと複合体を形成して膜構造を乱し，非特異的な透過性を増加させることによって抗真菌活性を示す。この群の代表的な化合物として，ナイスタチンやアンフォテリシンBが挙げられる。ナイスタチン(nystatin)は *Streptomyces noursei* から，アンフォテリシンB(amphotericin B)は *Streptomyces nodosus* から単離されている。

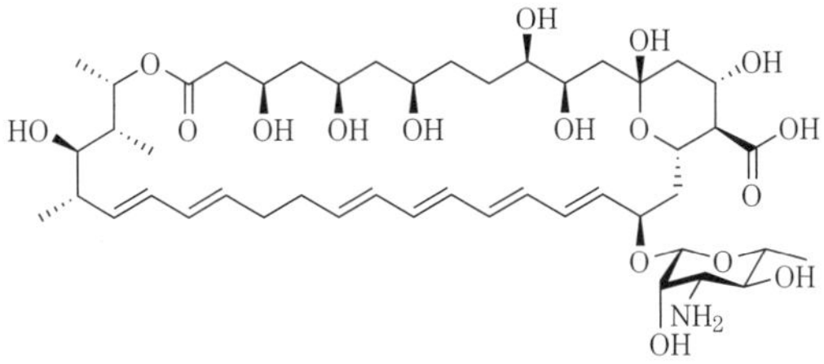

（a）ナイスタチン

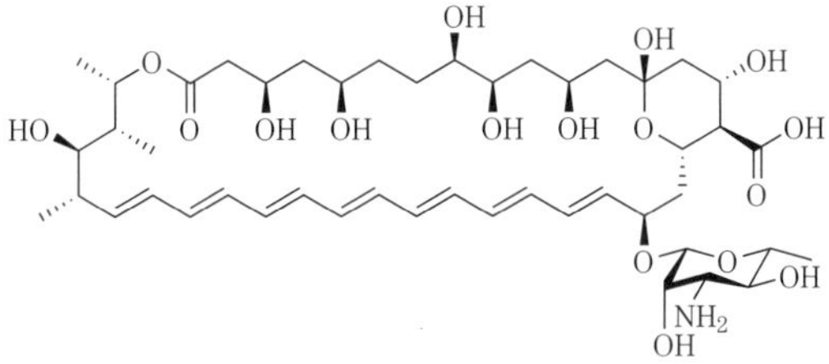

（b）アンフォテリシンB

図5.7 ナイスタチンやアンフォテリシンBの構造

5.1.3 タンパク質合成阻害

細菌のリボソームは70S（30Sと50Sサブユニット）であり，真核細胞のリボソームは80S（40Sと60Sサブユニット）である。この違いにより，細菌に選択毒性を示す抗生物質がある。

〔1〕**アミノグリコシド系抗生物質**　代表的な臨床応用化合物として，ストレプトマイシン，カナマイシン，ゲンタマイシンなどが挙げられる（**図5.8**）。アミノグリコシド系抗生物質（aminoglycoside）は細菌のリボソームに結合することでタンパク質の生合成を阻害し，抗菌活性を示す。アミノグリコシド系の抗生物質は，一般に30Sと結合するが，中には50Sにも結合するものもある。

〔2〕**テトラサイクリン系抗生物質**　数種の *Streptomyces* によって生産されるテトラサイクリン（tetracyclin）は，縮環した四環系システムを有する黄色の化合物である（**図5.9**）。細菌の70Sリボソームの30Sサブユニットと結合し，タンパク質合成を阻害する。

〔3〕**マクロライド系抗生物質**　多くのメチル側鎖と酸素官能基が結合し

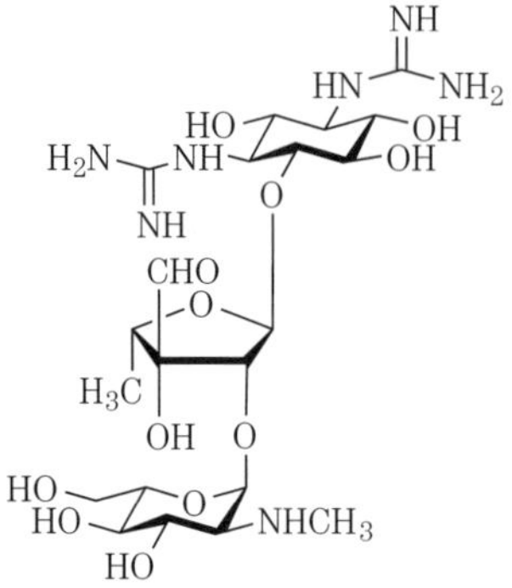

（a） ストレプトマイシン　　　　　（c） ゲンタマイシン

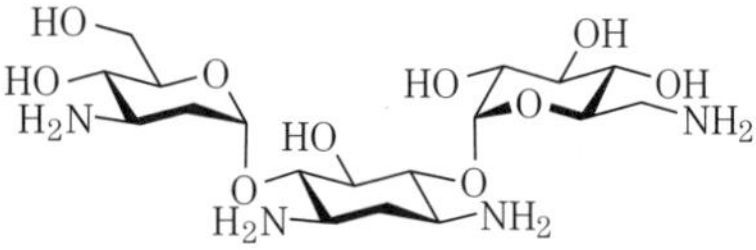

（b） カナマイシン

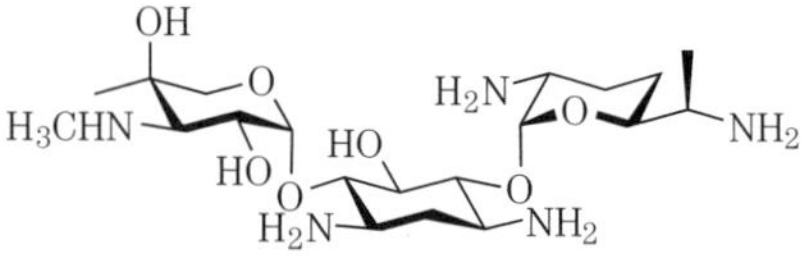

図5.8 ストレプトマイシン，カナマイシン，ゲンタマイシンの構造

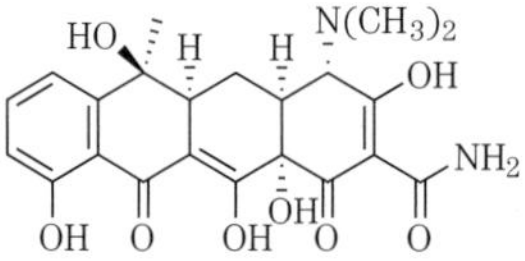

図5.9 テトラサイクリンの構造

た大環状ラクトン（主として14員環，16員環化合物）構造を有する。14員環を有する代表的な化合物はエリスロマイシン（erythromycin），16員環を有する抗生物質としてはロイコマイシン A_3（leucomycin A_3）が挙げられる（**図5.10**）。通常ラクトン環には塩基性の糖が結合し，さらに中性糖が結合しているものも多い。マクロライド系抗生物質は，細菌のリボソームの50Sサブユニットに結合することによって，細菌のタンパク質合成を阻害する。

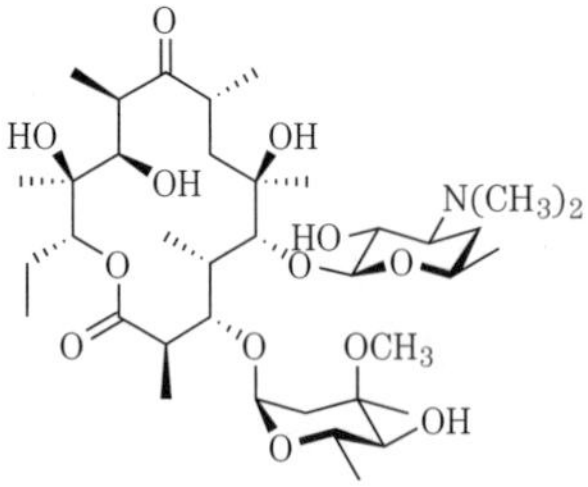

（a） エリスロマイシン 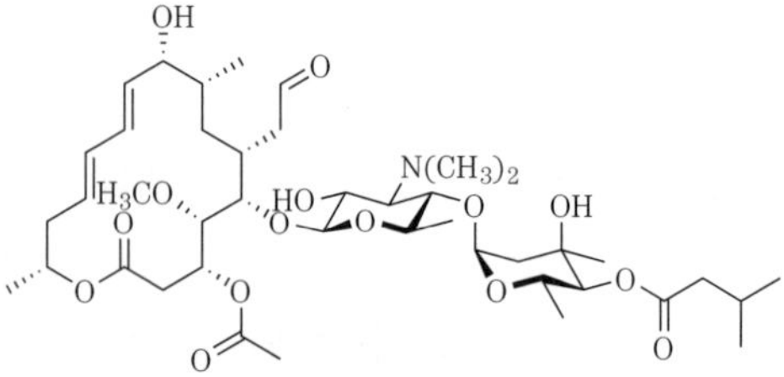　　　　　　（b） ロイコマイシン A_3

図5.10 エリスロマイシンとロイコマイシン A_3 の構造

〔4〕 **リンコマイシン系抗生物質**　リンコマイシン（rhynchomycin）は *Streptomyces lincolnensis* から得られた抗生物質である（**図5.11**）。細菌の70Sリボソームの50Sサブユニットと強く結合して，タンパク質の生合成を阻害する。

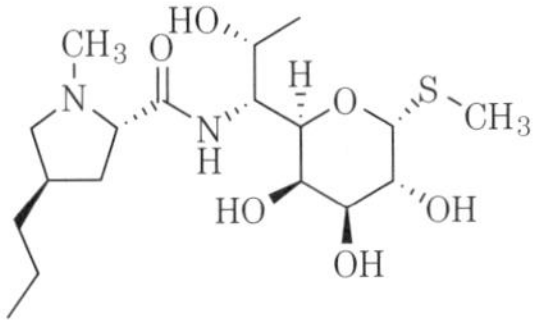

図5.11　リンコマイシンの構造

〔5〕 **クロラムフェニコール系抗生物質**　クロラムフェニコール（chloramphenicol）は *Streptomyces venezuelae* の培養ろ液から単離された（**図5.12**）。外膜のチャネルを通過できるため，グラム陽性菌，グラム陰性菌，リケッチアなどの広範囲の微生物に有効である。他の抗生物質の効果が弱いグラム陰性菌に強い活性を示すことが特徴的である。クロラムフェニコールも細菌の50Sリボソームに結合して，タンパク質合成を阻害する。

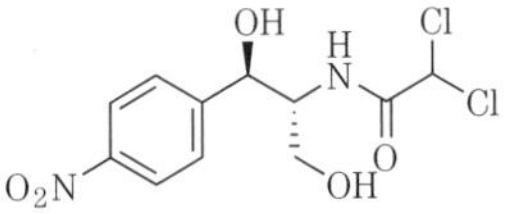

図5.12　クロラムフェニコールの構造

5.1.4　核酸合成阻害

ニューキノロン系抗菌剤は，細菌のDNAジャイレースやトポイソメラーゼIVを阻害することでDNAの合成を阻害する。どちらの酵素も，DNAの複製に関与する。

アンサマイシン（anthamycin）系抗生物質は，細菌のDNA依存性RNAポリメラーゼを阻害し，RNA合成を阻害する。その代表であるリファマイシン（rifamycin）は *Amycolatopsis mediterranei* から単離されている（**図5.13**（a））。また，リファマイシンSVから半合成されたリファンピシン（図（b））

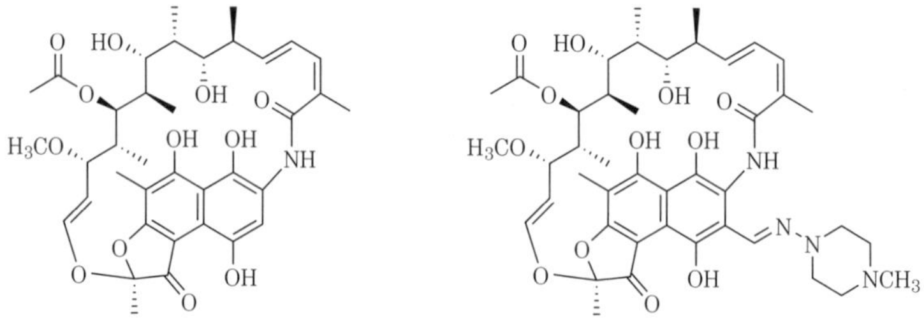

(a) リファマイシン SV　　　　（b）リファンピシン

図 5.13 リファマイシンとリファンピシンの構造

は，グラム陰性菌に対してもある程度の活性を示す．リファンピシンは経口投与が可能であり，グラム陽性の病原菌である結核菌 *Mycobacterium tuberculosis* に対して広範に使用されている．

5.1.5 葉酸合成阻害

サルファ剤やトリメトプリムはともに葉酸の生合成を阻害する．サルファ剤はジヒドロプテロイン酸シンターゼを阻害し，トリメトプリム（trimethoprim）はジヒドロ葉酸レダクターゼを阻害する．葉酸代謝物であるテトラヒドロ葉酸はアミノ酸と核酸の代謝に関わる補酵素（コエンザイム）である．その生合成を阻害されることで，微生物の DNA 合成と RNA 合成が阻害される．ヒトは葉酸の生合成系を欠いているため，サルファ剤は微生物に選択的に作用する．

5.2　抗がん剤の作用と受容体

抗がん剤を作用機構の観点で分類すると，以下のように一般に分類されている．

- **アルキル化剤**　　シクロホスファミド，イホスファミド，ストレプトゾシンなど
- **白金製剤：**　　シスプラチン，カルボプラチン，オキサリプラチンなど
- **代謝拮抗剤：**　　フルオロウラシル，メトトレキサートヒドロキシカルバミ

5.2 抗がん剤の作用と受容体

ドなど
- トポイソメラーゼ阻害剤： エトポシド，イリノテカン，ドキソルビシンなど
- 微小管重合阻害剤： ビンブラスチン，ビンクリスチン，ビンデシンなど
- 微小管脱重合阻害剤： パクリタキセル，ドセタキセルなど
- 分子標的薬： ゲフィチニブ，イマチニブ，エベロリムス，抗体医薬品など
- 内分泌関連薬： デキサメサゾン，タモキシフェン，フィナステリドなど

天然物由来の抗がん剤は，これら作用機構に当てはめて分類されるものもあれば，複数の作用機構をもつものもある。天然由来の抗がん剤の例を以下に示す。

5.2.1 核酸に作用する天然物

がん細胞は増殖するために活発にDNAを合成する。つまり，DNAの合成を抑えることができれば，がん細胞の増殖を抑制できる。天然物の中にはDNAと結合することにより，DNAの複製や転写を阻害し，抗腫瘍作用をもつものがある。

〔1〕 **マイトマイシンC**　放線菌 *Streptomyces caespitosus* の培養ろ液から得られた抗腫瘍性抗生物質である（**図 5.14**）。がん腫，肉腫，白血病などに使用される。マイトマイシンC（mitomycin C）は，生体内で還元されて活性代謝物となり，DNAと架橋形成することで，DNAの複製を阻害する。

〔2〕 **ブレオマイシン**　放線菌 *Streptomyces verticillus* から単離された抗腫瘍性抗生物質である。ホジキンリンパ腫，非ホジキンリンパ腫，精巣がん，卵巣がん，子宮頸がんなどの治療に適用される。抗がん剤として使用されてい

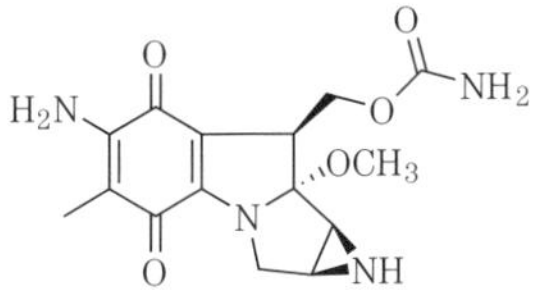

図 5.14 マイトマイシンCの構造

るブレオマイシン (bleomycin) の主成分はブレオマイシン A_2 である (**図 5.15**)。ブレオマイシンのビチアゾール部位は DNA 鎖と相互作用する。一方，鉄配位部位で窒素原子が鉄イオンとキレート錯体を形成する。そして，鉄イオンが酸素を活性化して，酸化的に DNA 鎖を切断する。

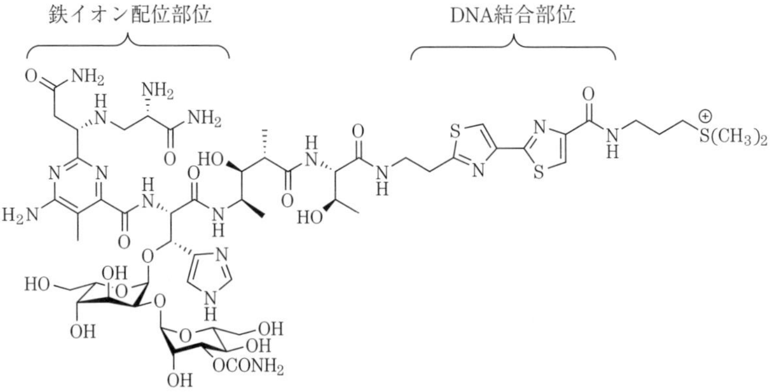

図 5.15 ブレオマイシン A_2 の構造と各部位の役割

〔3〕 **アクチノマイシン D** アクチノマイシン D (actinomycin D) は放線菌 *Streptomyces parvulus* から得られるポリペプチド系の抗生物質である (**図 5.16**)。ウイルムス腫瘍，絨毛上皮腫，小児悪性固形腫瘍などの治療に用いられる。DNA のグアニン部分と結合し，DNA 依存性 RNA ポリメラーゼを阻害し，転写が抑制される。また高濃度では DNA 依存性 DNA ポリメラーゼも阻害す

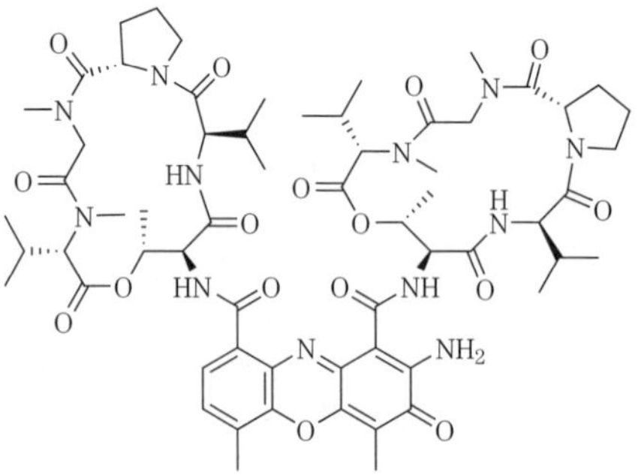

図 5.16 アクチノマイシン D の構造

るため複製が抑制される。

〔4〕 **ネオカルジノスタチン** ネオカルジノスタチン (neocarfinostatin) は，*Streptomyces carzinostaticus* の培養ろ液から得られたエンジイン抗生物質である（**図5.17**）。分子量約1万の酸性タンパク質と低分子のクロモフォアからなる。活性本体は低分子クロモフォアであり，環構造の中に三重結合2個と二重結合1個を有する非常にユニークな9員環構造を有する。急性白血病，胃がん，膵臓がんの治療で静脈注射で用いられる。

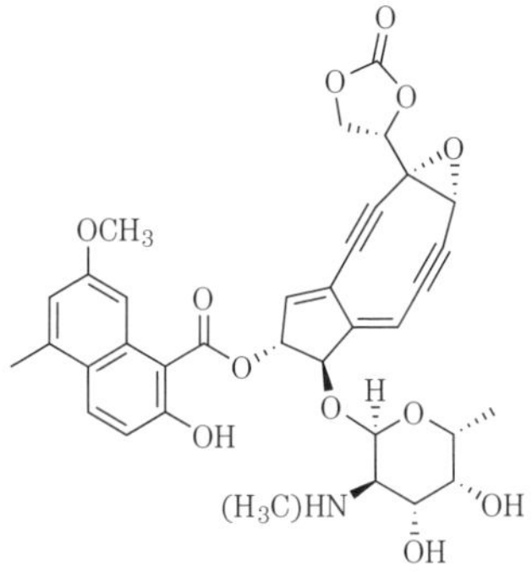

図5.17 ネオカルジノスタチンクロモフォアの構造

5.2.2 トポイソメラーゼ阻害剤

トポイソメラーゼはDNA鎖の切断と再結合に関与する酵素でI型とII型が存在する。I型トポイソメラーゼは2本鎖DNAのうち一方のみの切断と再結合に関与する。II型トポイソメラーゼは2本鎖の切断と再結合に関与する。転写，複製，修復などの際には，二重らせん構造にひずみが導入されるため，トポイソメラーゼがそのひずみを解くことが必須となる。したがって，トポイソメラーゼを阻害することで，DNAの切断と再結合が阻害され，がん細胞は正常な分裂ができなくなり，アポトーシスが誘導される。

〔1〕 **エトポシド** メギ科の植物 *Podophyllum peltatum* あるいは *P.emodi* の根茎から抽出したポドフィロトキシン（podophyllotoxin）を原料として合成された抗がん剤である（**図5.18**）。肺小細胞がん，悪性リンパ腫，急

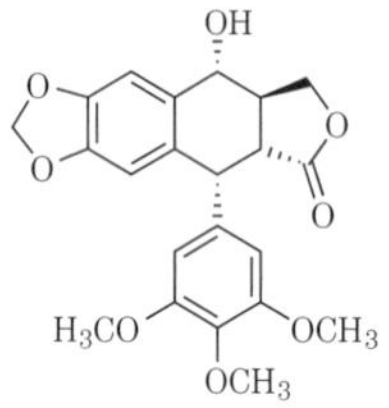

ポドフィロトキシン 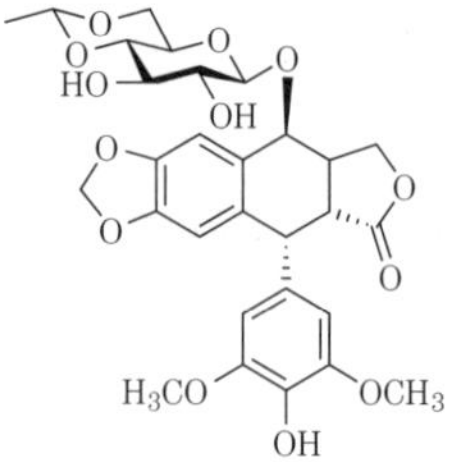　　　　　エトポシド

図 5.18　ポドフィロトキシンとエトポシドの構造

性白血病などの治療に用いられる。エトポシド (etoposide) はトポイソメラーゼⅡと複合体を形成し，切断されたDNAの再結合を阻害する。その結果，DNAの複製阻害を引き起こす。

〔2〕　**イリノテカン，トポテカン**　　カンプトテシン (camptothecin) はカンレンボク (*Camptotheca acuminata*) の樹皮と幹から単離された。DNAトポイソメラーゼⅠを阻害し，DNAの再結合反応を妨げることで，抗がん作用を示す (**図 5.19**)。この化合物は水に溶けにくく，副作用もあったことから，

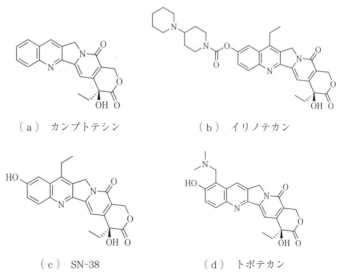

（a）カンプトテシン　　　　（b）イリノテカン

（c）SN-38　　　　　　　　（d）トポテカン

図 5.19　カンプトテシン，イリノテカン，SN-38，トポテカンの構造

これら欠点を克服すべくイリノテカン，トポテカンが開発された。イリノテカンは，生体内で活性化体である SN-38 に変換されて効果を強く発揮するプロドラッグである。トポテカンはカンプトテシンの水溶性誘導体である。

〔3〕 **ドキソルビシン，ダウノルビシン**　　放線菌 *Streptomyces peucetius var. caesius* の培養ろ液中から発見されたアントラサイクリン系の抗腫瘍性抗生物質である（**図 5.20**）。腫瘍細胞の DNA の塩基対間にインターカレートし，DNA ポリメラーゼ，RNA ポリメラーゼ，トポイソメラーゼ II 反応を阻害し，DNA，RNA 双方の生合成を抑制する。ドキソルビシン（doxorubicin）（アドリアマイシン）は乳がん，胃がん，肺がん，卵巣がんなどのがん腫，各種の肉腫，悪性リンパ腫，急性白血病の化学療法に用いられる。ダウノルビシン（ダウノマイシン，daunomycin）は急性白血病の治療に用いられる。

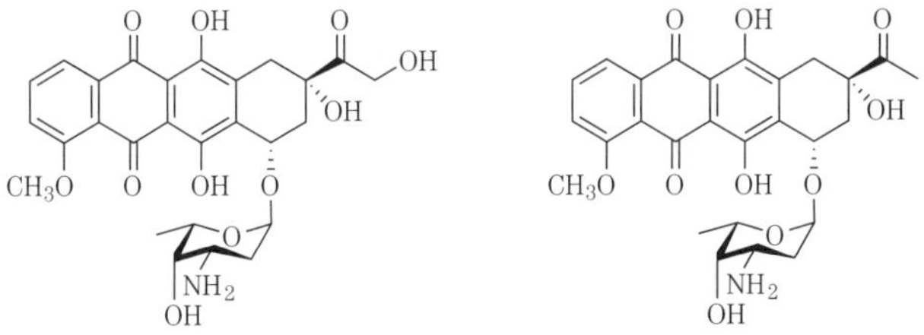

（a）ドキソルビシン　　　　（b）ダウノルビシン

図 5.20　ドキソルビシン，ダウノルビシンの構造

5.2.3　微小管作用薬

微小管は細胞骨格を形成するタンパク質であり，細胞分裂期における紡錘体の形成，細胞形態の形成などに関与する。この微小管を標的とし，抗がん剤として使用されている天然物もしくはその誘導体がある。

〔1〕 **微小管重合阻害剤**

a）ビンブラスチン，ビンクリスチン，ビンデシン　　ビンブラスチン（vinblastine）とビンクリスチン（vincristine）は，ニチニチソウ *Catharanthus roseus* とから抽出された植物アルカロイドである（**図 5.21**）。ビンデシンはビンブラスチンをもとに合成された抗がん剤である。これらビンカアルカ

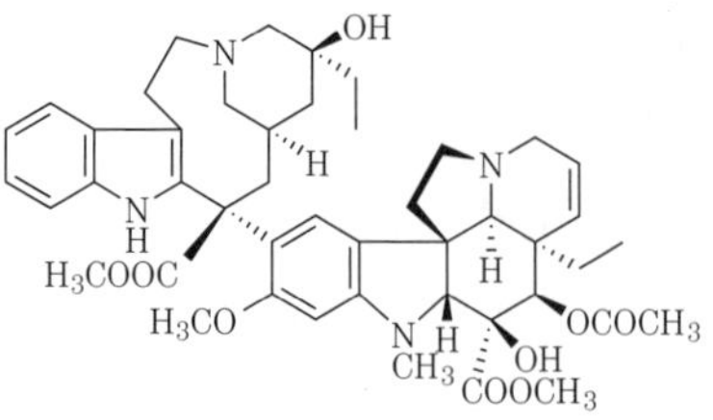

（a）ビンブラスチン

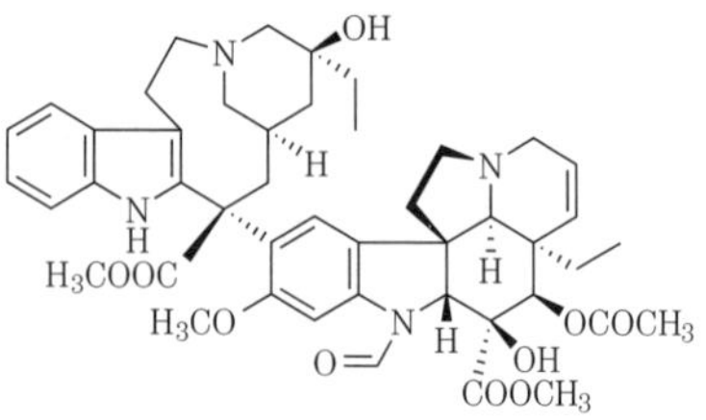

（b）ビンクリスチン

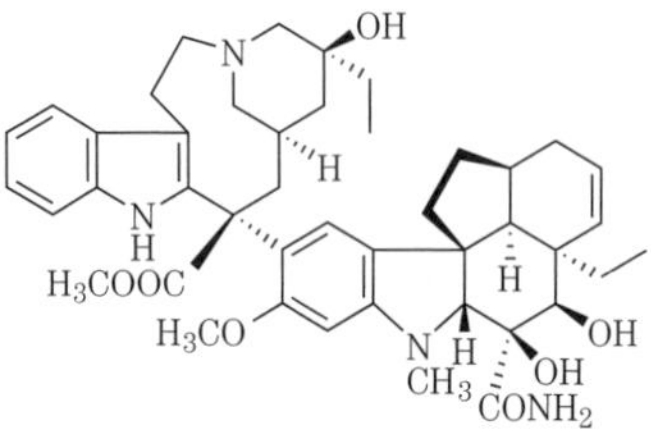

（c）ビンデシン

図 5.21 ビンブラスチン，ビンクリスチン，ビンデシンの構造

ロイド系の抗がん剤は微小管の形成を阻害し，がん細胞の分裂を妨げる。いずれも悪性リンパ腫などの治療で用いられる。

b）エリブリン エリブリン（eribulin）は，海綿 *Halichondria okadai* 由来の天然有機化合物であるハリコンドリン B の誘導体である（**図 5.22**）。エリブリンも微小管の重合を阻害する。

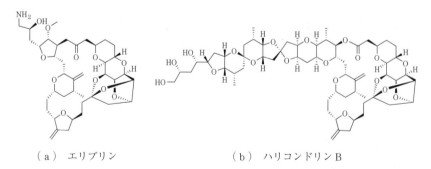

（a）エリブリン　　　　　　（b）ハリコンドリン B

図 5.22 エリブリン，ハリコンドリン B の構造

〔2〕 微小管脱重合阻害剤

a） パクリタキセル　パクリタキセル（paclitaxel）（図 5.23（a））は，タイヘイヨウイチイ（*Taxus brevifolia*）の樹皮から単離された抗がん剤である。現在，パクリタキセルはヨーロッパイチイ（*Taxus baccata*）の葉より単離したバッカチン III から半合成されている。

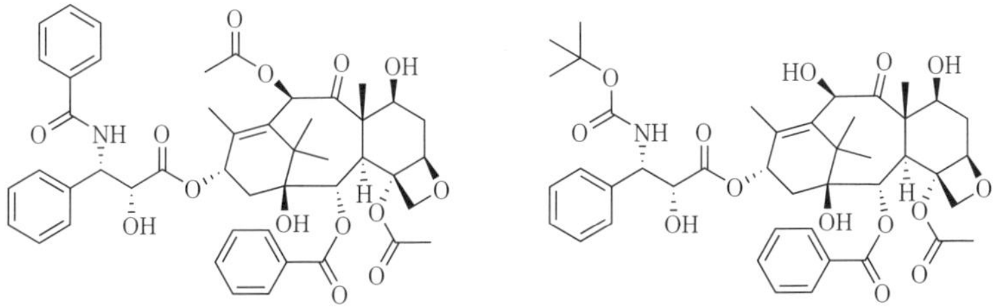

（a） パクリタキセル　　　　　（b） ドセタキセル

図 5.23　パクリタキセルとドセタキセルの構造

b） ドセタキセル　ドセタキセル（docetaxel）（図（b））はパクリタキセルの誘導体で，タキサン系抗がん剤の一つである。どちらの薬剤も微小管に結合して安定化させ脱重合を阻害することで，腫瘍細胞の分裂を阻害する。卵巣がんや乳がんなどの治療に用いられている。

5.3　植物ホルモン受容体

3.1 節で紹介した植物ホルモンはすべて低分子有機化学物質である。これら植物ホルモンが活性を示すために必要な最初の生体内イベントは，受容体タンパク質に結合することである。植物ホルモンと結合した受容体はその性質を変化させることにより情報伝達に関与するタンパク質と相互作用できるように，またある場合にはできなくなり，その結果として低分子化合物である植物ホルモンが情報として伝達される。

本節では，情報が遺伝子転写活性の変化として現れるまでの概略を説明するために，植物ホルモン分子種によってはある程度省略して説明する。ここで述

166   5.　受容体と結合タンパク質の決定法

べるジベレリン受容体（GID1）とストリゴラクトン受容体（D14）はイネを，ほかの植物ホルモン受容体はシロイヌナズナを対象とした研究により発見されたが，ストリゴラクトン受容体はD14と同じ時期にエンドウを対象とした研究によりDAD2として発見されている．また，植物ホルモン受容体としては完全には受け入れられていない場合があるが，これまでに報告されている受容と情報伝達の様式を紹介する．

5.3.1　オーキシン，ジャスモン酸，ジベレリン，ストリゴラクトン受容体

植物ホルモンの情報伝達には，分子種が異なるにもかかわらず，類似した受容と負の制御因子の分解機構を組み合わせた経路が存在する．その概略を**図5.24**に示す．植物ホルモンの濃度が低い場合には，転写調節因子TFは負の制御因子と結合して不活性化されているために転写を活性化できない．しかし植物ホルモンの濃度が高まり受容体と結合できるようになると，負の制御因子はユビキチン化され，26Sタンパク質分解系で分解される．その結果，転写調節因子が束縛から自由になることで，転写活性化が可能になり，植物ホルモンが誘導する形態変化に必要な遺伝子が発現する．このような情報伝達系をもつ植物ホルモンとして，オーキシン，ジャスモン酸，ジベレリン，ストリゴラクトンを挙げることができる．以下にその概略を**図5.25**に示す．

オーキシンとジャスモン酸の受容体は，タンパク質分解系を構成するF-box

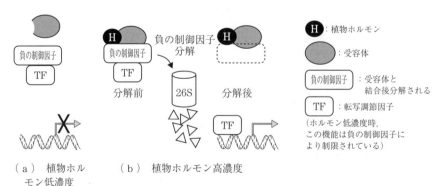

図 **5.24**　負の制御因子を分解する植物ホルモン受容機構

5.3 植物ホルモン受容体

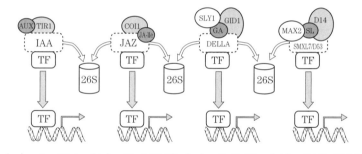

(a) オーキシン　(b) ジャスモン酸　(c) ジベレリン　(d) ストリゴラクトン

図 5.25 オーキシン (AUX), ジャスモン酸 (JA-Ile), ジベレリン (GA), ストリゴラクトン (SL) の各受容体と情報伝達経路

タンパク質 TIR1 や COI1 である．植物ホルモンと結合した受容体はプロテアソームタンパク質分解系複合体を形成し，各々負の制御因子である IAA や JAZ を 26S プロテアソーム系で分解する．その結果，転写調節因子が活性化し遺伝子が発現できるようになる．

一方，ジベレリンやストリゴラクトンの受容体は，$\alpha\beta$ 加水分解酵素ファミリーである GID1 や D14 である．植物ホルモンと結合した受容体は，F-box タンパク質である SLY1 や MAX2 を含むプロテアソームタンパク質分解系複合体を形成し，各々負の制御因子である DELLA や SMX7/D53 を 26S プロテアソーム系で分解する．その結果，転写調節因子が活性化し遺伝子が発現するようになる．

5.3.2 サイトカイニン受容体

サイトカイニン受容体は，細胞膜上で二量体を形成するヒスチジンキナーゼファミリーに属する CRE1 である．図 5.26 に示すように CRE1 がサイトカイニンを受容すると，CRE1 から始まるリン酸基転移メディエーターを介するリン酸基転移リレーが起きて，転写活性化因子であるタイプ B レスポンスレギュレーターをリン酸化する．その結果，この因子の転写活性化が起き，サイトカイニン活性が表現型として現れる．

一方で，リン酸基転移リレーによりタイプ A レスポンスレギュレーターも

168   5. 受容体と結合タンパク質の決定法

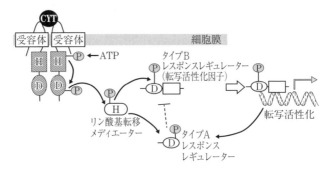

図 5.26 サイトカイニン受容体と情報伝達経路

活性化するが,この機能はタイプBレスポンスレギュレーターの抑制化である。この反応機構の詳細は不明であるが,この経路が存在することによりサイトカイニン活性が調節されると考えられている。

5.3.3 アブシシン酸受容体

アブシシン酸の情報伝達経路における重要な因子であるリン酸化酵素 SnRK2 は,自身がリン酸化されることで活性化する。アブシシン酸が低濃度の状態では,負の制御因子である脱リン酸化酵素 PP2C が正の制御因子である SnRK2 を脱リン酸化して情報伝達を負に制御しているために,アブシシン酸シグナルが下流に伝えられることはない。

一方,アブシシン酸が受容体 PYR1 に結合すると PYR1-ABA-PP2C 複合体の形成が可能になり,その結果,PP2C の脱リン酸化酵素としての機能が抑制される。すると SnRK2 がリン酸化を受けて活性化され,続く転写調節因子のリン酸化が可能になり,転写活性化が起きる。ただし気孔の閉鎖のように遺伝子発現の変化を必要としない応答も存在する。

アブシシン酸受容体は,アブシシン酸が結合することで形が変化し,PP2Cと結合できるようになることが結晶構造の解析により明らかになっている。アブシシン酸受容体には PYR1 以外に PYL1 のファミリーが知られているが,いまだ機能が不明なものも多い。**図 5.27** にアブシシン酸受容体とその情報伝達

5.3 植物ホルモン受容体　169

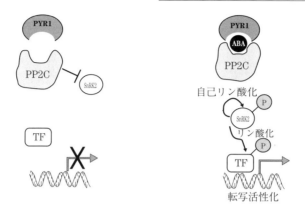

　（a）　アブシシン酸濃度が低いとき　　（b）　アブシシン酸濃度が高いとき
図 5.27　アブシシン酸受容体と情報伝達経路

経路のモデル図を示す．

5.3.4　エチレン受容体

　エチレン受容体 ETR1 は，ホモ二量体として小胞体膜上に存在して機能する．エチレン濃度が低い場合，ETR1 は CTR1 と結合している（図 5.28（a））．この状態の CTR1 はリン酸化活性を示し，小胞体膜に存在する EIN2 の C 末端をリン酸化する．リン酸化された EIN2 は，C 末端領域がタンパク質分解酵素に対して抵抗性を示すようになり安定化するため，その機能が抑制された状態に留まる．

　一方，エチレンが高濃度で存在する場合は，エチレンが ETR1 に結合することで，CTR1 は受容体の束縛から逃れて遊離するが，その際にリン酸化酵素としての活性は失ってしまう（図（b））．そのため，リン酸化されない EIN2-C 部分はタンパク質分解酵素により切り離され，細胞質中を移動できるようになる．その結果，転写調節因子 TF と結合することで活性化し，エチレン関連遺伝子が発現する．

　エチレン受容体には，ETR 以外にも ETR2，EIN4，ERS1，ERS2 の 4 種が知られている．中心的に働くのは ETR1 であるが，生育状態による役割分担が

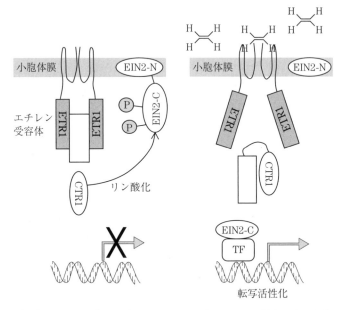

（a）エチレン濃度が低いとき　　（b）エチレン濃度が高いとき

図 5.28　エチレン受容体と情報伝達経路

あると考えられている。

5.3.5　ブラシノステロイド受容体

　ブラシノステロイド受容体 BRI1 は，核に存在して機能する動物のステロイド受容体と異なり，細胞膜上に存在する 1 回膜貫通型のセリン・スレオニンキナーゼ型受容体である。この膜貫通型受容体は植物体に広く分布しており，本書では割愛したペプチドホルモンや，植物免疫反応を引き起こす病原微生物由来物質の受容体としても知られている。

　BRI1 は通常ホモ二量体として存在し，情報伝達阻害因子である BKI1 と相互作用しているために，ブラシノステロイド情報伝達は抑制されている。ブラシノステロイド濃度が低いときには，BZR1 や BES1 という転写因子は BIN2 によりリン酸化をうけ分解されるので，ブラシノステロイド活性が現れること

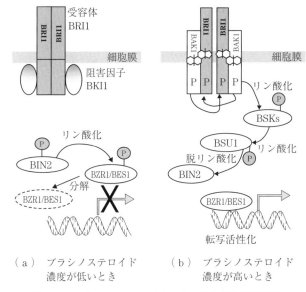

(a) ブラシノステロイド濃度が低いとき
(b) ブラシノステロイド濃度が高いとき

図 5.29 ブラシノステロイドの受容体と情報伝達経路

はない(**図 5.29**(a))。

一方,ブラシノステロイド濃度が高くなると,BRI1 と BAK1 ヘテロ二量体が形成されて相互のリン酸化が起こり,続いて BSK1 がリン酸化される(図(b))。リン酸化された BSK1 は,脱リン酸化酵素である BSU1 をリン酸化する。すると BSU1 が活性化されて BIN2 の脱リン酸化を促進する。その結果,リン酸化を受けなくなった BZR1 や BES1 が,転写因子としてブラシノステロイド関連遺伝子の発現を高めることができるようになり,ブラシノステロイド活性が現れる。

ブラシノステロイド情報伝達で鍵となる BZR1 は,3 章で説明したブラシノステロイド生合成阻害剤 brassinazole に抵抗性を示す変異体の原因遺伝子として発見された。BZR1 は brassinazole resistance 1 の略称である。

5.3.6 サリチル酸受容体

サリチル酸の受容体として,二つの可能性が提起されている。一つは,**図 5.30**

172   5. 受容体と結合タンパク質の決定法

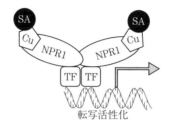

図 5.30 サリチル酸受容体 NPR1 と情報伝達経路

に示したサリチル酸情報伝達因子である NPR1 が受容体として機能している場合であり，もう一方は，図 5.31 に示した NPR3 と NPR4 が受容体として機能している場合である。現時点では，まだサリチル酸受容体については決着がついていない状況である。以下，いずれについても説明する。

図 5.30 に示すように，NPR1 が受容体の場合，サリチル酸の NPR1 への結合は銅イオンを介している。サリチル酸との結合により活性化された NPR1 は，

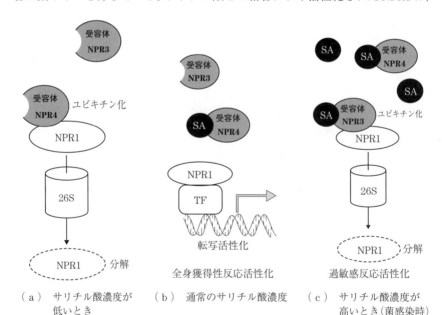

図 5.31 サリチル酸受容体 NPR3 と NPR4 ならびにサリチル酸情報伝達経路

転写調節因子を活性化し，植物免疫反応に関連したサリチル酸関連遺伝子を活性化する。

図5.31では，NPR3とNPR4がサリチル酸受容体として働く場合の概略を示した。サリチル酸濃度が低い場合（図（a）），NPR4はNPR1と結合しNPR1を26Sプロテアソームによる分解系へと導くために，サリチル酸情報伝達経路における重要な活性化因子であるNPR1が機能できない。通常のサリチル酸濃度の場合には（図（b）），サリチル酸が結合することでNPR4による抑制から自由になったNPR1が転写調節因子と結合して，サリチル酸関連遺伝子を活性化する。

―＜Coffee Break＞ "植物ホルモン受容体の応用例" ―――――

　植物ホルモン受容体は，当然ながら植物ホルモンをリガンドとしている。ただし植物ホルモンが最適なリガンドというわけではなく，場合によっては人工化合物の方が植物ホルモン自体より親和性が高い場合がある。また植物ホルモンによってはその受容体の数が植物種によって異なる場合が多く，例えばシロイヌナズナにおける受容体の数はジベレリンでは3個，エチレンでは5個，ブラシノステロイドでは4個，アブシシン酸では14個以上存在することが知られているだけでなく，各機能そしてリガンドへの親和性も異なっている。植物ホルモン自体は受容体への親和性に差はあるものの，一般的には高い親和性を示すが，人工リガンドの場合には各々の受容体に特異性を示す化合物を合成することも可能であり，農園芸上好ましくない性質を抑え，好ましい性質を伸ばした化合物の創製も可能である。一方，まったく植物ホルモン活性をもたない化合物を，植物ホルモン活性をもたせるように受容体を改変する技術も報告されるようになった。例えば，アブシシン酸活性をまったくもたない実用化されている殺菌剤に，アブシシン酸受容体への親和性をもつようにアブシシン酸受容体に変異を加えることも可能になった。この変異受容体遺伝子の組換え体に対しては，アブシシン酸自体の欠点である環境中での不安定性を克服できている既存の殺菌剤が，アブシシン酸として効果を示すことが可能になった。そのため，この組換え植物は殺菌剤を組み合わせることにより，乾燥に抵抗性を示すようになった。このように，受容体の性質を変えた作物と新しい化合物の組み合わせは，新しい農業技術として期待されている。

さらに，サリチル酸濃度が高くなった場合（図（c））には，サリチル酸への親和性が低いNPR3もサリチル酸と結合できるようになる。この状態では，サリチル酸-NPR3複合体のNPR1への親和性がサリチル酸-NPR4複合体より高いために，サリチル酸-NPR3複合体が優先的にNPR1と結合できるようになり，NPR1を分解系へと導く。NPR1は過敏感反応の負の調節因子であるために，その機能が失われた状態では過敏感反応が誘導される。図（c）と図（a）ではNPR1が同様に分解される条件であるが，起きる反応は異なっている。細胞中に存在するサリチル酸濃度の違いがその理由であると考えられている。

章末問題

【1】つぎの抗菌性抗生物質の作用機構を簡単に説明せよ。
（1）ペニシリン
（2）ストレプトマイシン
（3）テトラサイクリン
（4）ナイスタチン
（5）リファマイシン

【2】つぎの抗腫瘍性抗生物質の作用機構を簡単に説明せよ。
（1）マイトマイシンC
（2）ネオカルジノスタチン
（3）イリノテカン
（4）ビンブラスチン
（5）パクリタキセル

【3】植物が植物ホルモン受容体を複数もつことの利点を述べよ。

【4】F-boxタンパク質を受容体として利用している植物ホルモン名を挙げよ。

6 天然物スクリーニングと天然化合物ケミカルバイオロジー

6.1 表現型スクリーニングの最前線

　近代以降の創薬の原点は，抗菌剤のスクリーニングであるが，その後抗腫瘍剤スクリーニングと続き，さらには生活習慣病や免疫制御など，さまざまな疾患の治療薬の開発がなされてきた。そのスクリーニング法の多くは，検定菌や細胞を使った方法である。それに対し，ブラックは，交感神経の働きを調節するための神経遮断薬を研究し，1964年に心筋に関するβ受容体の遮断薬であるプロプラノロールを開発し，抗狭心症薬あるいは抗高血圧症薬として用いられている。さらにヒスタミン受容体の研究では，胃液分泌抑制作用をもつ H2 受容体遮断薬のシメチジンを 1975 年に開発した。従来の新薬開発が試行錯誤と偶然に頼っていたのに比べ，レセプターやリガンドといった疾患原因因子の構造などに基づく「鍵と鍵穴」のような考えをもつ薬剤開発の道を作った。科学の進歩とともに，疾患原因の解明が進んできた結果，多くの薬剤開発が疾患に関与する因子に対して行う，標的ベースのスクリーニングに主流が移った。また，1990年代に台頭してきたコンビナトリアルケミストリーにより，大規模な化学合成ライブラリーが整備され，それに適合するスクリーニング系として，ハイスループットスクリーニング系が開発され，膨大な量の薬剤探索が行われた。しかしながら，この手法では期待された成果が得られていないのが現状である。

　このような中，1999年から2008年までに承認された薬剤を，**ファーストイ**

ンクラス（first-in-class）**薬剤**（これまでにない画期的な医薬品）と後追い品に分け，それぞれの薬剤の由来に関して，表現型スクリーニング，標的ベーススクリーニング，天然化合物修飾，生物製剤（抗体など）のいずれかに分類した論文が発表された。その結果，ファーストインクラス薬剤は，37％が表現型スクリーニングから発見され，分子標的ベースのスクリーニングからは23％であった（生物製剤は33％）。一方，後追い品は，表現型スクリーニングからは18％，標的ベーススクリーニングからは51％（生物製剤は19％）であった[1]。この論文を受け，欧米のメガファーマでは，表現型スクリーニングへの回帰が起きている。表現型スクリーニングと標的ベーススクリーニングは対極にあるように考えられているが，表現型スクリーニングにおいて有望な薬剤候補化合物を発見するには，いかに優れたアッセイ系を構築できるかが大きな鍵となる。そのためには，抗菌や細胞毒性のような漠然とした系ではなく，生命現象あるいは疾患原因に密接に結びついた標的分子に基づく表現型スクリーニング系の開発が必須であり，実際に分子標的に基づく表現型スクリーニングの開発が行われてきた。特に天然物スクリーニングによるリード化合物探索では，雑多な抽出物ライブラリーから高いS/N比でヒット化合物の検出を行わなければならないこと，また通常一点の濃度で判定しなければならない点からも，アッセイ系の構築はヒットを見出すために最も重要なステップである。

生命現象に基づく表現型スクリーニングで発見された代表的な医薬品の一つは，FK506（タクロリムス）であるといえる[2]。FK506は，当初は臓器移植用の際の免疫抑制剤として開発されたが，現在では関節リウマチ，アトピー性皮膚炎，重症筋無力症治療薬としても認可されている。FK506のスクリーニングは，混合リンパ球反応（MLR）と呼ばれる生物活性評価法を用いて行われた。これは，系統の異なる二つのマウス脾臓細胞を，混合培養したときに惹起されるリンパ球活性化反応を検出する系であるが，刺激を受けた一方のリンパ細胞からのIL-2などのサイトカインの分泌を，検定細胞の分化を指標に観察する方法である。本スクリーニングが行われた時代は，この検定細胞の分化を熟練研究者が顕微鏡下で観察し，判断していた。そのため，スクリーニングのスルー

6.1 表現型スクリーニングの最前線

プットには限界があり，決してスループットは高いものではなかった。欧米の表現型スクリーニングへの回帰には，このスループットの低さの改善・克服も伴っている。現在，細胞をマルチウェルプレート（例えば384-ウェルプレート）に播種し，全サンプルの顕微鏡像を自動的に撮影し，ヒットサンプルの選抜まで行うイメージアナアイザーが登場している。酵素やタンパク質をスクリーニング対象とした標的ベーススクリーニングに対し，このような細胞形態を観察するスクリーニングを表現型スクリーニングと呼ぶが，1枚の画像中に沢山の細胞情報が入っているため，ハイコンテントスクリーニングとも呼ばれている。現在，欧米をはじめ日本の製薬企業でも，イメージアナライザーを用いたスクリーニングが実施されている。例えば，従来の抗がん剤スクリーニングに用いられてきた，樹立がん細胞株を用いたスクリーニングでは，生体内に存在していたがん細胞とはまったく異なる性質をもつ細胞となってしまっている。従来の抗がん剤の開発の結果，増殖能の高いがん細胞に対する抗がん剤は，多種多様に開発され一定の成果を得ている。現在のがん化学療法で問題となっている一つは，がん幹細胞と呼ばれる未分化ながん前駆体細胞が，がん組織中に存在することである。がん幹細胞は，ドーマントセル（休眠細胞）とも呼ばれ増殖能が低いが，ここから抗がん剤に耐性をもった細胞が現れると一気に耐性細胞が増殖し，抗がん剤の効かないがんの再発が起こる。そのため，従来の抗がん剤に加え，がん幹細胞に対して有効な薬剤を併用することによりがんの完治が期待されている。がん幹細胞は，全細胞中一定の割合で存在するが，その細胞を集めても，元の割合に瞬時に戻ってしまうため，スクリーニングには適用できなかった。それに対し，最も悪性度の高いがんの一つである，神経膠芽腫（グリオブラストーマ）細胞は，がん患者から取り出した後，スフェア培養という特殊な培養法を用いると，がん幹細胞の性質を維持できることが発見された。この培養法は，**図6.1**（a）に示すように，非接着系の細胞塊として培養する[3]。また佐藤らは，オルガノイドと呼ばれる生体様器官を維持した大腸がんモデルの開発に成功しており，抗がん剤開発のスクリーニング系として，現在最も注目されている評価系の一つである[4]（図(b)）。

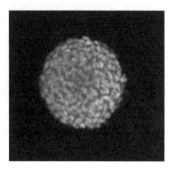
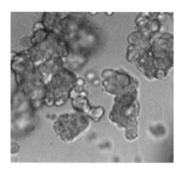

（a） グリオブラストーマの　　　（b） 大腸がん細胞のオルガ
　　　スフェア培養　　　　　　　　　　ノイド培養

図 6.1 臨床分離がん細胞（がん幹細胞様性質を維持している）

6.2 タンパク質相互作用解析法とタンパク質相互作用スクリーニング

タンパク質相互作用（PPI：protein-protein interaction）スクリーニングは，新たな薬剤開発のターゲットとして期待されているが，タンパク質相互作用の制御は分子量の大きい因子どうしの結合を制御しなければならないという点で，低分子合成ライブラリーよりも天然物ライブラリーのほうがタンパク質相互作用制御物質のスクリーニングには適していると考えられる。ヒトゲノム計画が終了し，遺伝子のコードするタンパク質の情報がつぎつぎと発見されてきている。それにともない，タンパク質構造，タンパク質間ネットワーク情報など，多くの知見が蓄積されてきている。タンパク質相互作用スクリーニングでは，酵素反応のような明確な生物活性を指標とするような系に限定されず，転写因子群に見られるような，他のタンパク質と複合体を形成することで活性を発現するようなアダプター因子をも対象とすることが可能である。

タンパク質相互作用を検出する技術は，ケミカルバイオロジーを理解および実践する上でも重要な技術であるため，おもだった手法を列挙し，そのうちケミカルバイオロジーおよびタンパク質相互作用スクリーニングにおいて重要な技術に関して説明する。タンパク質相互作用解析研究は大きく二つに分けるこ

とができる。その一つは，あるタンパク質と相互作用（結合）するタンパク質を探索する研究と，生体内でのタンパク質相互作用を可視化する技術開発研究である。前者は，ある機能をもったタンパク質と相互作用する相手を見つけることにより，細胞内タンパク質相互作用ネットワークおよびシグナルカスケードなどを明らかにすることを目的とする。後者は，タンパク質の局在あるいは刺激などによって誘導されるタンパク質相互作用などを研究するものであり，創薬スクリーニングに用いられる系は後者の技術である。前者でおもに用いられる技術は，ツーハイブリッド（Y2H：two-hybrid）法，共免疫沈降法，プルダウンアッセイ法，ELISA法，表面プラズモン共鳴法（SPR：surface plasmon resonance）である。後者でおもに用いられる技術は，FRETおよび類似の原理を用いる方法，蛍光相関分光法（FCS：fluorescence correlation spectroscopy），蛍光相互相関分光法（FCCS：fluorescence cross-correlation spectroscopy），表面プラズモン共鳴法，タンパク質補完法（PCA：protein fragment complementation assay），さらに最新の技術としてFluoppi（fluorescent based technology detecting protein-protein interactions）システムが挙げられる。このほかに，創薬スクリーニングに適したAlphaテクノロジー法などがある。

6.2.1 共免疫沈降法

相互作用タンパク質の探索は，「釣り」に例えることが多い。相互作用するタンパク質の探索を目的とするタンパク質をベイト（bait，釣り餌）と呼び，釣れてきた標的タンパク質をプレイ（prey，餌食）と呼ぶ。共免疫沈降（Co-IP：co-immunoprecipitation）法では，免疫沈降抗体と反応する抗原をベイトタンパク質として利用し，ベイトタンパク質と共沈降する（ベイトタンパク質と結合する）プレイタンパク質を探索・同定する。後述するベイトタンパク質にタグなどを融合するなどのアーティフィシャルな処理を行わないため，比較的ネイティブな相互作用複合体の解析が可能である。

6.2.2 プルダウンアッセイ法

タグを融合したベイトタンパク質を調製し，タグと結合するアフィニティー担体を利用して相互作用するプレイタンパク質を探索，精製，同定する方法である。あるいは，ベイトタンパク質をタグと融合せずにカップリング用担体に直接固定し，プレイタンパク質を探索，精製，同定する方法である。タグ融合ベイトタンパク質または精製ベイトタンパク質を利用するため，ベイトタンパク質に対する抗体がなくても相互作用解析が可能となる。ともに担体樹脂を用いることから，アフィニティークロマトグラフィーと呼ぶ。

6.2.3 ツーハイブリッド法

ツーハイブリッド法（Y2H法）は，出芽酵母 *Saccharomyces cerevisiae* を用いたタンパク質相互作用，あるいはタンパク質-DNA間の相互作用解析が行えるシステムとして開発された[5]。最初に開発されたシステムでは，転写活性化因子であるGAL4タンパク質を応用するものであった。本タンパク質はDNA結合ドメイン（DBD）とカルボキシル末端のアクティベータドメイン（AD）をもつ。DBDドメインはUASG（upstream activating sequences for galactose）と呼ばれる塩基配列に結合する。また，ADドメインは酸性アミノ酸に富み，転写因子の会合を促進・転写を促進する機能をもつ。GAL4タンパク質は，DBDドメインとADドメインの分離が可能であり，両者が近傍に配置されるとGAL4タンパク質としての機能を発現するが，Y2H法はこの原理を利用している（後述するタンパク質補完法と同様の原理）。すなわち，GAL4-DBDドメインを融合させたタンパク質と相互作用するタンパク質を探索するため，GAL4-ADドメインを融合したタンパク質をコードするcDNAをランダムに作成し，細胞に導入発現させる。ベイトタンパク質Aとタンパク質Bが相互作用しない場合，DNA結合ドメインと転写活性化ドメインは近傍に配置しないが，ベイトタンパク質Aとタンパク質Bが相互作用をする場合，GAL4-DBDドメインとGAL4-ADドメインが近傍に配置する。この細胞に，UASGを上流にもつレポーター遺伝子（色，蛍光，発光などにより，遺伝子の発現を可視化

する遺伝子）を導入することにより，レポーター遺伝子の発現量を指標に定量することが可能である。これにより，ベイトタンパク質Aに結合するベイトタンパク質Bを同定する。Y2H法は一度に多数のアッセイを行えることから，候補タンパク質の探索には有効な手段である。しかしながら，擬陽性も多く見られるため，免疫沈降法やプルダウンアッセイなど他の手法も用いて，得られたプレイタンパク質が真に相互作用するタンパク質であるかの検討が必要がある。このY2H法を用いることにより，レポーター遺伝子の発現を指標として，相互作用するタンパク質どうしの結合阻害あるいは促進する化合物の探索が可能である。

6.2.4 タンパク質補完法

タンパク質補完法（PCA：protein fragment complementation assay）は，今日では**二分子蛍光補完法**（BiFC：bimolecular fluorescence complementation）として用いられるケースが多いが，元々はユビキチンを二分割した手法として開発されたものである[6]。BiFC法は蛍光タンパク質を用いるため[7]，可視化によりタンパク質相互作用を容易に検出が可能であり，現在では広くタンパク質相互作用検出に用いられている。本方法では，相互作用解析の標的である2種類のタンパク質を，おのおの二つに分割した蛍光タンパク質と縮合したタンパク質を調製する。標的タンパク質どうしが結合した際に，蛍光タンパク質の立体構造が再構築されて一つの蛍光タンパク質を形成し，蛍光を発する原理を応用したシステムである（**図6.2**）。BiFC法により再構築された蛍光タンパ

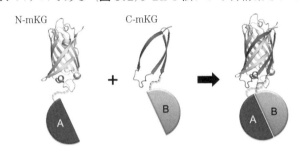

図6.2 二分子蛍光補完法

ク質は，βバレル構造をとることから安定な構造をもつため，いったん形成されるとその相互作用は極めて強固安定である（非可逆的）．したがって，後からタンパク質相互作用阻害剤を添加しても蛍光を消去することができないため，当初細胞内でのタンパク質相互作用可視化用に開発されたBiFC法は，創薬スクリーニングには不向きである．この問題点を克服するため，*in vitro*のBiFCアッセイ系が開発されている[8),9)]．

In vitro BiFC法は，よりハイスループットスクリーニングが可能な（1536-ウェルプレートを用いてのスクリーニングが可能である）きわめて高効率なアッセイ系ではあるが，いったん蛍光を発すると細胞系同様，強固な相互作用が生じるため非可逆的な反応である．これに対し，ルシフェラーゼ発光補完法で用いる分割ルシフェラーゼタンパク質は，分割蛍光タンパク質と異なり，両分割ルシフェラーゼタンパク質どうしの結合が強固なものでないため，可逆的な反応を観測できる．そのため，タンパク質相互作用制御物質を観察したいタイミングで添加しても，タンパク質相互作用の検出が可能である．この系は，細胞系でも *in vitro* 系でも適用できることに加え[10)]，さらに可逆反応の長所を生かし，両タンパク質を繋ぎ合わせて一つのタンパク質として発現させる一分子型のタンパク質補完法の構築が可能である[11)]．このような長所から，ルシフェラーゼ発光補完法は，現在考えられる最も有用なタンパク質相互作用アッセイ法の一つと考えられる．

6.2.5 Alphaテクノロジー法

上述したように，タンパク質相互作用を検出する系はいくつかあるが，Alpha（amplified luminescence proximity homogeneous assay）テクノロジー法は，ドナービーズとアクセプタービーズと呼ばれる2種類のAlphaビーズを用いる系であり，スクリーニングに用いるアッセイ系としては，最も簡潔かつスループットの高い系と考えられる．ドナービーズに結合したタンパク質と，アクセプタービーズに結合したタンパク質とが結合し，二つのビーズが近接した状態で，ドナービーズ中に存在するヘム－鉄を赤外光で励起活性化すると一重

項酸素が発生する。この一重項酸素がアクセプタービーズを活性化し化学発光反応を引き起こすことにより、タンパク質相互作用が検出できる。

本アッセイ系は、基本的には二つのビーズを混ぜるだけの反応系のため、標的となるタンパク質の調製が可能であれば、きわめてスループットの高いアッセイ系である。しかしながら、ヘムー鉄反応系による一重項酸素の発生を原理としているため、本系ではキレート剤やラジカルスカベンジャーなどの化合物が疑似陽性により阻害活性物質としてヒットする。したがって、培地成分に含まれるラジカルスカベンジャーや、微生物が頻繁に生産するシデロフォア（鉄キレーター）を含む天然物ライブラリーは適用困難である。

6.2.6 Fluoppi 法

タンパク質相互作用制御物質のスクリーニングで問題になる一つの例として、制御物質の分子量が大きくなるため細胞透過性が低いということが挙げられる。したがって、細胞レベルでのタンパク質相互作用が観察できる系が望ましい。宮脇らが開発したFluoppiシステムは、細胞レベルでかつ可逆的なタンパク質相互作用を観察できる系であり、表現型スクリーニング系として優れた評価系である[12]。Fluoppiシステムは、四量体形成能を有する蛍光タンパク質と、多量体形成能を有するassembly helper tagを基盤とする技術であり、これらのタグを結合させたタンパク質どうしが相互作用すると、相互作用したタンパク質同士が局所的に集まり蛍光性のフォーカス（ドット）を形成する（**図6.3**（a））。ここにタンパク質相互作用阻害剤が存在すると、フォーカス形成が消失し、分散した蛍光が観察される（図（b））。この現象を指標に、タンパク質相互作用制御物質のスクリーニングを、表現型スクリーニングとして展開できる。

最新の表現型スクリーニング系として、このほかにも、アルツハイマー病患者由来のiPS細胞を用いた、三次元培養系アルツハイマー病モデルなど[13]、疾患iPS細胞を用いたアッセイ系が続々と開発されてきており、イメージアナライザーとのマッチングにより、これまでにない画期的な表現型スクリーニングが展開されている。

184   6. 天然物スクリーニングと天然化合物ケミカルバイオロジー

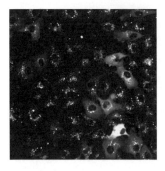
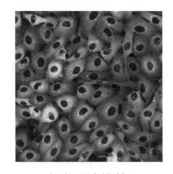

（a）コントロール　　　　　　（b）阻害剤添加

図 6.3 Fluoppi システムを用いたタンパク質相互作用阻害剤探索を目的とした表現型スクリーニング

6.3 ケミカルバイオロジーと化合物標的同定

　抗菌剤スクリーニングから長らく続けられてきた表現型スクリーニングが，標的ベーススクリーニングに取って代わられた要因の一つは，次世代シーケンサーなどの登場により，大規模なデータが得られるようになり，疾患原因因子がつぎつぎに発見されるようになったことが第1に挙げられる。現在創薬開発において，臨床薬として認可されるためには，薬剤の明確な活性発現メカニズムや標的分子の同定が必須である。標的ベースのスクリーニングでは，最初から分子標的が設定されているため，その後の活性発現メカニズムの解析は必要ないが（オフターゲット†の存在は別），表現型スクリーニングで得られた活性化合物に関しては，その後の薬剤開発のプロセスで分子標的および活性発現機序を明らかにした後，それに沿った臨床試験を組まなければならない。表現型スクリーニングが忌避されるようになった要因は，この標的分子の同定に多大な時間と労力がかかっていたということも大きい。
　表現型スクリーニングが再注目されるようになった要因は，疾患 iPS 細胞や

---

† 本来の標的（オンターゲット）とは異なる列の分子。薬の副作用などの原因となる。

臨床分離検体を用いた生体内組織再現モデルの開発と，ハイコンテント・ハイスループットスクリーニングを可能にするイメージアナライザーの登場によるところが大きいが，**ケミカルバイオロジー**（chemical biology）と呼ばれる技術・学問領域の発展により，化合物の標的分子の同定が以前よりも迅速に行うことができるようになったという点も大きい。ケミカルバイオロジーはchemistry-oriented biologyと説明されるように，広義には化学的な手法によって生物現象を解明する研究分野であり，天然物化学の研究分野では以前から行われていたともいえる。しかしながら，この用語および学問領域が注目を浴びるようになったのは，1990年代の後半にハーバード大学のシュライバーらが提唱したケミカルジェネティクス（化学遺伝学）研究の発展による[14]。

ケミカルバイオロジーは，分子生物学的な手法に加えて有機化学的な手法も駆使し，核酸やタンパク質など，生体内分子の機能や反応を分子レベルで解明する学問であるが，特にその中でもDNAやRNAといったポストゲノム時代に適合した学問領域をケミカルジェネティクスと呼ぶ。今日では，むしろこの狭義に定義されるケミカルジェネティクスがケミカルバイオロジーとほぼ同意語になっている（最近の状況として，標識化合物を用いたタンパク質の局在や機能解析など，従来の研究もケミカルバイオロジーとして再認識されてきている）。前述したように，天然物化学研究分野において，生理活性をもつ化合物を用いた生命現象解明研究は，臨床薬開発における化合物活性発現メカニズム解析に見られるように，一般的に行われて来たものであるが，シュライバーらはこの技術を一気に「分子レベル」に落とし込んだところが，それまでの研究とは一線を画す。

例えば，それまでの研究では標的タンパク質を同定しても未知のタンパク質であった場合，N末端のアミノ酸配列の解明に留まっていた情報を，ゲノム配列が解読された今日では，N末端アミノ酸配列情報は，ゲノム情報を用いることにより一気に全タンパク質情報に置き換えられる。また，現在遺伝子を用いて標的タンパク質を発現させる技術があるが，標的タンパク質の発現が可能なケースでは，標的タンパク質をタグ標識することにより，標的タンパク質と相

互作用するタンパク質（群）の探索・同定が可能になる（このタンパク質相互作用解析法に関しては，一連のプロテオーム技術の発展も重要なファクターであり，爆発的に情報が取得できるようになっている）。

このような技術開発により，標的タンパク質が未知であっても，相互作用タンパク質情報，あるいはRNA発現情報などを通じて，その標的タンパク質が関与する細胞内カスケードの全貌を明らかにできるようになっている。ケミカルジェノミクスは，文字どおり化学を使う遺伝学であるが，従来の遺伝子変異によって引き越された生命現象を解明する研究を，化合物によって惹起される生命現象に置き換え，化合物の標的を同定する過程を通じて，その生命現象を明らかにしていく研究である。

遺伝学の考えでは，フォワードジェネティクス（順遺伝学）とリバースジェネティクス（逆遺伝学）と二つのアプローチがある。フォワードジェネティクスは，遺伝子の働きによって現れる形質（表現型）からその原因となる遺伝子を探り当てる研究である。創薬スクリーニングと同様，その出発点は野生型とは異なる表現型を示す新たな表現型を見出しその責任遺伝子を解析する[15]。それに対し，リバースジェネティクスは，特定の遺伝子を選択的に欠失・破壊することによって，その遺伝子の機能を解析するという，従来の遺伝学（フォワードジェネティクス）とまったく逆の手順で遺伝子の機能を解析する。ケミカルジェネティクスも遺伝学と同様，フォワードケミカルジェネティクスとリバースケミカルジェネティクスがあり，ある表現型を誘導する化合物の標的タンパク質を同定し，その遺伝子を解明するのがフォワードケミカルジェネティクスである。逆に機能がよくわからない遺伝子産物を対象に阻害する化合物を探索取得し（遺伝子に例えるとノックアウト），その表現型を観察するのがリバースケミカルジェネティクスである。

なお，低分子化合物を使って遺伝子機能を「網羅的に」解析する研究を，いわゆるオミックス研究に則り，ケミカルゲノミクスと呼ぶ。遺伝子破壊は，現在考えられる最も強力なツールであるが，胎生致死（細胞レベルでは致死遺伝子でその遺伝子を継代観察できない）など遺伝子破壊では表現系が出せない場

合も多くあり，遺伝子が解読された今日でも，特異的阻害剤を用いるという化学的手法によってのみ理解しうる生命現象は数多くあり，特異的阻害剤の探索・取得は依然として重要であるといえる．

ケミカルジェネティクスにおいて，標的タンパク質の同定は，相互作用タンパク質探索と同じように「釣り」に例えられる．すなわち，細胞内には無数のタンパク質（釣りに例えれば，魚）が存在するが，そこに化合物を餌にした釣り糸を垂らし，釣り上げた魚を解析する過程を出発点とする．前述したように，タンパク質相互作用解析では，標的とするタンパク質にタグを融合させたベイトタンパク質を調製し，プルダウン法により相互作用（結合）するタンパク質を同定する方法があるが，シュライバーらはこの原理を化合物に適用した技術を開発した．すなわち，標的探索を行う化合物について，活性発現に関与しない官能基を足場に，リンカーおよびビオチンでラベル化したプローブ化合物を合成し，これを「ベイト化合物」として用いる．本ベイト化合物を樹脂に固定し（アフィニティー担体の調製），標的タンパク質を釣り上げるという画期的な手法である．

この技術を応用した研究の代表例は，FK506（タクロリムス）のターゲット同定である[16]．図6.4にFK506およびビオチンラベル化したFK506を示す．本ビオチンラベルFK506を樹脂に固定し，FK506に結合するタンパク質をプルダウンし，結合タンパク質を解析する手法と同様の方法を応用し結合タンパク質を発見した．

当初，発見したタンパク質は *cis-trans* peptidyl-prolyl isomerase であると報告されたが，のちにこの活性は免疫抑制活性とは無関係であることが判明した．その後の解析により，FK506は細胞内でまずFKBP12（FK506 binding protein 12）と命名した上述の *cis-trans* peptidyl-prolyl isomerase タンパク質に結合し，複合体を形成することが明らかになった[17]．このFK506-FKBP12複合体はさらにホスファターゼであるカルシニューリンに結合し，FKBP12とカルシニューリンとの結合を強固にする．この作用によりカルシニューリンによるNFAT脱リン酸化反応を阻害し，T-リンパ球におけるIL-2に代表される種々

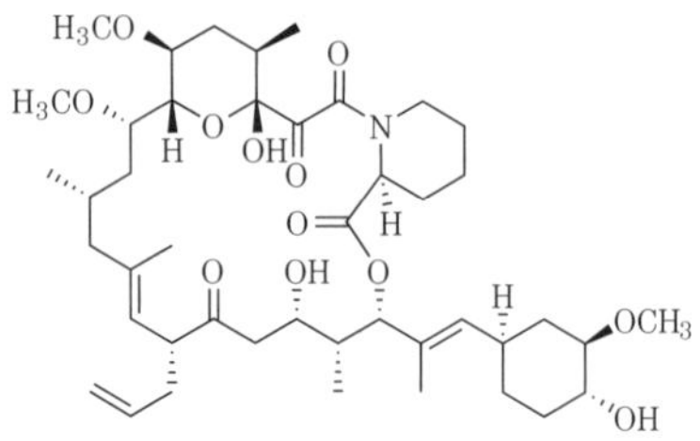

188   6. 天然物スクリーニングと天然化合物ケミカルバイオロジー

（a） FK506

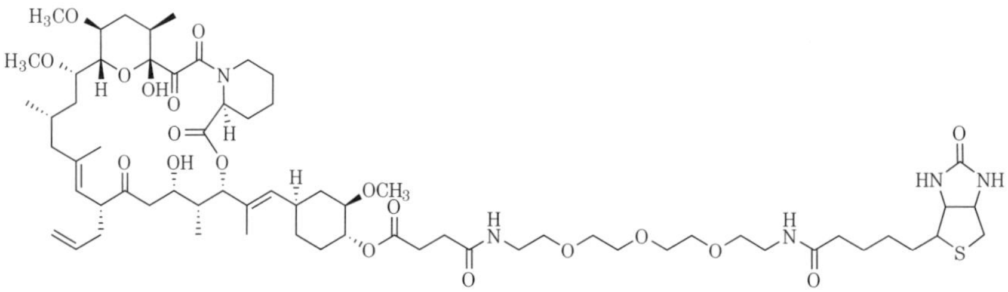

（b） ビオチン化 FK506（ベイト化合物）

図 6.4　FK506 およびビオチンラベル体

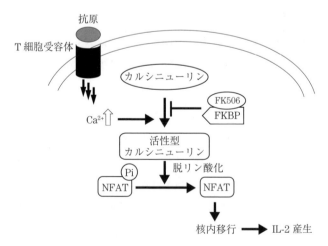

図 6.5　FK506 の作用発現メカニズム

のサイトカインの発現を抑制するという免疫抑制機構の複雑な細胞内カスケードを明らかにした（**図6.5**）。

ラパマイシン（rapamycin）は，構造的にFK506に類似しており，FKBP12と結合し免疫抑制活性を示す。当然のことながら，FK506やシクロスポリンA（シクロスポリンAの結合タンパク質はサイクロフィリン）のように，カルシニューリンと結合，ホスファターゼ阻害活性を示すことにより免疫抑制活性を示すと考えられた。また，ラパマイシンは骨肉腫やT細胞などに強力な細胞毒性を示すことが知られていた。しかしながら，FKBP12-ラパマイシンは，カルシニューリンには結合せず，ホスファターゼ阻害活性は発現しなかった。そのため，長い間ラパマイシンの作用メカニズムは不明であった。シュライバーらは，FKBP12にタグとしてグルタチオン-S-トランスフェラーゼを融合し，この複合体と結合するタンパク質の探索を行った。その結果，FRAP（FKBP-rapamycin -associated protein）と命名したタンパク質の発見に至った[18]。このタンパク質は，酵母遺伝子であるDRR/TOR1およびDRR2/TOR2と相同性の高いタンパク質であった。ラパマイシンのターゲットタンパク質はほかのグループからも独自に発見され[19]，現在ではmTOR（mammalian target of rapamycin）と統一した名前で呼ばれている。この発見により，ラパマイシン-FKBP12の複合体は，mTORに結合しその活性を阻害することが明らかになった。

mTORはセリン・スレオニンキナーゼの一つで，インスリンやほかの成長因子，栄養・エネルギー状態，酸化還元状態など細胞内外の環境情報が集中するメインルートを制御し，転写，翻訳などを通じて，それらに応じた細胞増殖，生存などの調節に中心的な役割を担う（**図6.6**）。これらの研究によって明らかになった因子群は，細胞生理の中心的役割を担うものであることが，その後の研究によりつぎつぎに明らかにされ，この分野の研究に大きく寄与した。2016年のノーベル賞受賞テーマであるオートファジーにも関与することも[20]，その発展研究の一つである。このような基礎研究と同時に，ラパマイシンは免疫抑制剤として以外に，抗がん剤としても開発され，承認されている。

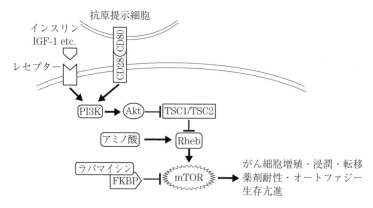

図 6.6 ラパマイシンの作用発現メカニズム

　シュライバーらは，この手法を駆使し，FK506 以外にも，脱がん化形質誘導剤 trapoxin の標的としてヒストンデアセチラーゼ（HDAC）を発見するなど，つぎつぎと成果を挙げた[21]。この手法は，化合物標的釣り上げのための汎用的な技術として広く用いられており，吉田らはスプライシングに関与する SF3b 複合体が spliceostatin A の標的であることを発見している[22]（同時期，同じような作用をもつ化合物である pladienolide の標的探索にもラベル化化合物が使われた[23]）。吉田らは，このケミカルジェネティクスをさらに発展させ，酵母を用いた合成致死などの考えを取り入れた遺伝的相互作用解析による標的分子および標的経路の同定法を開発するなど，化合物の標的探索において幅広いツールを提供している[24]。

6.4　さまざまなケミカルバイオロジー研究

　本来の広義のケミカルバイオロジー研究において，ケミストリーを用いた生体分子の挙動，機能解析に関する研究として，最初に思い浮かべるのはバイオイメージング技術である。生体分子の機能を，光や色として非侵襲的に生きたままの姿を時空間解析できることで，それらの機能解明が可能になった。この領域のインパクトの高い研究として，一番に挙げられるのがロジャー・ツェン

(Roger Yonchien Tsien）の開発したカルシウムプローブ Fura-2 である[25]。Fura-2 はカルシウムと結合すると蛍光波長が変化する（ツェンは 2008 年にノーベル賞を受賞）。神経細胞は，後シナプス末端にリガンドが結合すると興奮し電気が流れ，シグナルをつぎの神経あるいは筋肉に伝達する。それまでの研究では，この興奮電流の解析を電気生理学的な手法によって行われていたが，神経興奮時に惹起するカルシウム，ナトリウム，カリウムなどのイオンの細胞内への流入（流出）を個別に分離して解析するのは困難であり，また電気生理解析装置の設置，および操作も容易ではなかった。一方で，Fura-2 によるカルシウム検出に関しては，蛍光顕微鏡下で観察することにより，特異的にカルシウムの流入量の定量が可能である。これにより，脳虚血時の細胞死など，神経細胞におけるカルシウムイオンが関与する重要なシグナル伝達の解明に大きく貢献した。現在，細胞の生死を判別する Live/Dead 法による生細胞の染色，細胞内酸化ストレス，ミトコンドリア膜電子など，種々の細胞内イベントの定量を行う蛍光色素が開発され，生命現象の解明に応用されている。浜地および清中らは，神経細胞死および記憶に深く関与する神経細胞におけるグルタミン酸レセプター AMPA 受容体を染色する蛍光試薬を開発し，興奮時，興奮後の極短時間におけるレセプターのダイナミクスを明らかにした[26]。

このような化学物質を用いた生命現象解明研究の一方で，シュライバーらはタンパク質結合する化合物の特徴を利用して，人工的に細胞内シグナルを制御する技術の開発を行っている。彼らは，FK506 と FKBP とが強力に結合することを利用し，特異的な化合物を用いて，2 種類の異なるタンパク質の相互作用を人工的に誘導するシステムを開発した（化学誘導二量体形成法）。FKBP は通常は二量体を形成しないが，シュライバーらは人工的に FKBP の二量体を形成させるため，FK506 の二量体化合物である FK1012 を合成した。タンパク質相互作用を誘導したい 2 種類のタンパク質を選抜し，それぞれに FKBP タンパク質を融合させる。これらの FKBP 融合タンパク質は，FK1012 の添加により人工的に相互作用する[27],[28]（**図 6.7**）。現在，この原理に基づいて，さまざまなホモあるいはヘテロ二量体化合物が合成され，タンパク質の局在やシ

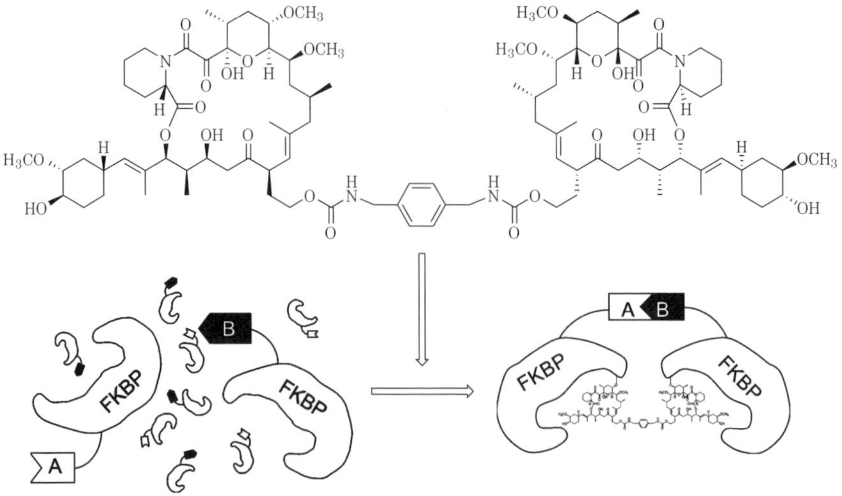

図 6.7 FKBP12 の構造および FK1012 を用いた人工的なタンパク質相互作用誘導
（A タンパク質と B タンパク質の結合を FK1012 によって制御する）

グナル伝達経路，タンパク質の活性化などを制御するための有用ツールとして用いられている[29]。

章 末 問 題

【1】 プルダウンアッセイとはどのような実験法か述べよ。またそれにより何を明らかにするのかを説明せよ。

【2】 目的とするタンパク質と相互作用するタンパク質の探索において，プルダウンアッセイにおけるベイトタンパク質を固定する担体にはどのようなものがあるか。また，融合するタグにはどのような種類があるか説明せよ。

【3】 表現型スクリーニングとは，おもに何を指標に行うスクリーニング系か説明せよ。

【4】 ベイトタンパク質と，プレイタンパク質とはそれぞれどのようなタンパク質であるか述べよ。

【5】 フォワードジェネティクス（順遺伝学）とリバースジェネティクス（逆遺伝学）とは，それぞれどういったアプローチで研究を行うのか説明せよ。

【6】 FK506 とラパマイシンのターゲット同定を行った手法について，それぞれの

相違について説明せよ。

【7】 FK1012 は化合物添加により，タンパク質結合を人工的に誘導することができる。その原理について説明せよ。

【8】 カルシウム検出試薬 Fura-2 などの開発により，神経生理学研究にどのようなブレークスルーをもたらしたか説明せよ。

＜Coffee Break＞ "世界の趨勢とわが国の現状"

　ケミカルバイオロジー（ケミカルジェネティクス）の研究およびプロテオーム研究の発展に伴い，多くのタンパク質について，機能，構造，タンパク質間ネットワークの情報が集まってきている。現在，阻害剤開発などで in silico スクリーニングが盛んに行われている。ドッキングシミュレーションは，タンパク質の正確な構造情報，およびケミカルバイオロジー研究に要求されるのと同様，強力かつ特異性の高い活性化合物が存在すれば，これまで人類が試行錯誤で進めていた，薬剤構造最適化には強力な威力を発揮するが，逆にこれらの情報なしでは，ほぼ机上の空論で終わるケースが多い。

　これまでの，タンパク質の構造および化合物とのドッキング構造情報は，X 線回折および NMR による解析により得ていたのが一般的であった。この研究を一気に塗り替えているのが，クライオ電子顕微鏡（Cryo-EM：cryo-electron microscopy）を用いた新しい解析技術である。クライオ電顕では，文字どおり極低温状態でサンプル測定を行う。この技術開発の結果，X 線回折に迫る数 Å でのタンパク質構造解析が可能になっている。また，大きなメリットは，X 線回折とは異なり結晶化と均質なサンプルが不要な点である。これにより，スループットの高い構造解析が可能になっただけでなく，タンパク質の変遷状態（反応中の配座など）をスナップショットの様に取得できるようになり，それらのスナップショットを重ねることにより，酵素反応などのダイナミックな動きを模擬的に構築できる。これ以外にも，巨大タンパク質や複合体の解析もできるなど，多くの長所をもっており，クライオ電顕の開発に携わった 3 人の研究者に 2017 年のノーベル化学賞が授与されている。現在（2017 年）の最高レベルのクライオ電顕は，「K2 カメラ」と「Titan Krios」との組み合わせであるが，一台 6〜10 億円と高価であること，また装置が大きく設置できる場所が限定されるため，日本には数台存在するのみである。現在，アメリカでは 40 台以上が稼働しており，中国が急速に追随している。タンパク質構造情報は，今後の生物学および創薬開発を決定的に左右すると考えられることから，日本でも機器の整備は元より，クライオ電顕科学者の育成が急務であると考えられる。

引用・参考文献

〔1章〕
1) S.L. Schreiber: "THE SMALL-MOLECULE APPROACH TO BIOLOGY: Chemical genetics and diversity-oriented organic synthesis make possible the systematic exploration of biology", *Chemical & Engineering News*, Vol.**81**, pp.51 ～ 61 (2003)
2) 労働省産業安全研究所著:静電気安全指針 (1988)
3) Y. Inokuma, S. Yoshioka, J. Ariyoshi, T. Arai, Y. Hitora, K. Takada, S. Matsunaga, K. Rissanen, M. Fujita: "X-ray analysis on the nanogram to microgram scale using porous complexes", *Nature*, Vol.**495**, pp.461 ～ 466 (2013)
4) 小林久芳,降旗一夫:"立体化学のための分析技術 NMR による解析", ぶんせき, Vol.**3**, pp.118 ～ 124 (2005)
5) M. Karplus:"Vicinal proton coupling in nuclear magnetic resonance", *J. Am. Chem. Soc.*, Vol.**85**, pp.2870 ～ 2871 (1963)
6) M. Nishida, N. Ida, M. Horio, T. Takeuchi, S. Kamisuki, H. Murata, K. Kuramochi, F. Sugawara, H. Yoshida, Y. Mizushina: "Hymenoic acid, a novel specific inhibitor of human DNA polymerase κ from a fungus of *Hymenochaetaceae* sp.", *Bioorg. Med. Chem.*, Vol.**16**, pp.5115 ～ 5122 (2008)
7) J.M. Bijvoet, A.F. Peerdeman, A.J. Van Bommel: "Determination of the absolute configuration of optically active compounds by means of X-rays", *Nature*, Vol.**168**, pp.271 ～ 272 (1951)
8) N. Harada, K. Nakanishi: "Circular dichroic spectroscopy-exciton coupling in organic stereochemistry", University Science Books, Mill Valley, Calif., and Oxford University Press (1983)
9) T. Taniguchi, K. Monde: "Exciton chirality method in vibrational circular dichroism", *J. Am. Chem. Soc.*, Vol.**124**, pp.3695 ～ 3698 (2012)
10) K. Komori, T. Taniguchi, S. Mizutani, K. Monde, K. Kuramochi, K. Tsubaki: "Short synthesis of berkeleyamide D and determination of the absolute configuration by the vibrational circular dichroism exciton Chirality Method", *Org. Lett.*, Vol.**16**,

pp.1386 〜 1389 (2014)
11) I. Ohtani, T. Kusumi, Y. Kashman, H. Kakisawa: "High-field FT NMR application of Mosher's method. The absolute configuration of marine terpenoids", *J. Am. Chem. Soc.*, Vol.**113**, pp.4092 〜 4096 (1991)
12) 鈴木梅太郎, 島村虎猪:"糠中の一有効成分に就て". 東京化學會誌, Vol.**32**, pp.4 〜 17（1911）
13) P. Karlson: "The structure of vitamin B_1", *Trends Biochem. Sci.*, Vol.**9**, pp.536 〜 537 (1984)
14) R.R. Williams, J.K. Cline: "Synthesis of vitamin B_1", *J. Am. Chem. Soc.*, Vol.**58**, pp.1504 〜 1505 (1936)
15) H. Andersag, K. Westphal: German Patent 685o32ex3 (filed Jan.29, 1936)（1936）
16) J.O. Rodin, R.M. Silverstein, W.E. Burkholder, J.E. Gorman: "Sex attractant of female dermestid beetle *Trogoderma inclusum* LeConte", Science, Vol.**165**, pp.904 〜 906 (1969)
17) a) K. Mori: "Absolute configurations of (−)-14-methyl-*cis*-8-hexadecen-1-ol and methyl (−)-14-methyl-*cis*-8-hexadecenoate, the sex attractant of female dermestid beetle, *Trogoderma inclusum* LeConte", *Tetrahedron Lett.*, Vol.**14**, pp.3869 〜 3872 (1973)
    b) K. Mori: "Absolute configuration of (−)-14-methyl-8-*cis*-hexadecen-1-ol and methyl (−)-14-methylhexadec-8-*cis*-enoate, the sex pheromone of female dermestid beetle", *Tetrahedron*, Vol.**30**, pp.3817 〜 3820 (1974)
18) R.M. Silverstein, R.F. Cassidy, W.E. Burkholder, T.J. Shapas, H.Z. Levinson, A.R. Levinson, K. Mori: "Perception by Trogoderma species of chirality and methyl branching at a site removed from a functional group in a pheromone", *J. Chem. Ecol.*, Vol.**6**, pp.911 〜 917 (1980)
19) K. Nakanishi: "The chemistry of brevetoxins: a review", *Toxicin*, Vol.**23**, pp.473 〜 479 (1985)
20) J.E. Baldwin: "Rules for ring closure", *J. Chem. Soc. Chem. Commun.*, Vol.**18**, pp.734 〜 736 (1976)
21) I. Vilotijevic, T.F. Jamison: "Epoxide-opening cascades promoted by water", *Science*, Vol.**317**, pp.1189 〜 1192 (2007)
22) H.C. Kolb, M.G. Finn, K.B. Sharpless: "Click chemistry: diverse chemical function from a few good reactions", *Angew. Chem. Int. Ed.*, Vol.**40**, pp.2004 〜 2021 (2001)

23) R. Huisgen: "1,3-dipolar cycloadditions", *Proc. Chem. Soc.*, pp.357 〜 396 (1961)
24) T. Shibata, Y. Kimura, A. Mukai, H. Mori, S. Ito, Y. Asaka, S. Oe, H. Tanaka, T. Takahash, K. Uchida: "Transthiocarbamoylation of proteins by thiolated isothiocyanates", *J. Biol. Chem.*, Vol.**286**, pp.42150 〜 42161 (2011)
25) M. Bernstein, M. Woods: "Purple sweet potatoes among 'new naturals' for food and beverage colors", *American Chemical Society News*, September 08 (2013)
26) S.T. Talcott: "Purple sweet potato as a natural food color with bioactive properties", *ACS Meeting246th ACS National Meeting and Exposition*, Indianapolis, Indiana, September 8 (2013)
27) 池田治生，大村智："放線菌ゲノム解析を応用した有用物質生産系の構築"，化学と生物，Vol.**44**，No.6，pp.391 〜 398（2006）
28) 池田治生：2015年ノーベル医学・生理学賞受賞記念特集"ポストゲノム時代に向けた微生物由来天然物医薬品の探索研究"，化学と生物，Vol.**54**，No.1，pp.17 〜 26（2016）
29) T. Hamada, S. Matsunaga, G. Yano, N. Fusetani: "Polytheonamides A and B, highly cytotoxic, linear polypeptides with unprecedented structural features, from the marine sponge, *Theonella swinhoei*", *Journal of The American Chemical Society*, Vol.**127**, pp.110 〜 118 (2005)
30) T. Hamada, S. Matsunaga, M. Fujiwara, K. Fujita, H. Hirota, R. Schmucki, P. Guentert, N. Fusetani: "Solution structure of polytheonamide B, a highly cytotoxic nonribosomal polypeptide from marine sponge", *Journal of The American Chemical Society*, Vol.**132**, pp.12941 〜 12945 (2010)
31) M.F. Freeman, C. Gurgui, M.J. Helf, B.I. Morinaka, A.R. Uria, N.J. Oldham, H.G. Sahl, S. Matsunaga, J. Piel: "Metagenome mining reveals polytheonamides as post-translationally modified ribosomal peptides", *Science*, Vol.**338**, pp.387 〜 390 (2012)
32) K. Kudo, T. Ozaki, K. Shin-ya, M. Nishiyama, T. Kuzuyama: "Biosynthetic origin of the hydroxamic acid moiety of trichostatin A: Identification of unprecedented enzymatic machinery involved in hydroxylamine transfer", *J. Am. Chem. Soc.*, Vol.**139**, No.20, pp.6799 〜 6802 (2017)
33) T. Kuzuyama, J.P. Noel, S.B. Richard: "Structural basis for the promiscuous biosynthetic prenylation of aromatic natural products", *Nature*, Vol.**435**, No.7044, pp.983 〜 987 (2005)
34) T. Kumano, S.B. Richard, J.P. Noel, M. Nishiyama, T. Kuzuyama: "Chemoenzymatic

syntheses of prenylated aromatic small molecules using Streptomyces prenyltransferases with relaxed substrate specificities", *Bioorg. Med. Chem.*, Vol.**16**, No.17, pp.8117 〜 8126 (2008)

35) M. Nett, H. Ikeda, B.S. Moore: "Genomic basis for natural product biosynthetic diversity in the actinomycetes", *Nat. Prod. Rep.*, Vol.**26**, No.11, pp.1362 〜 1384 (2009)

36) T. Hosaka, M. Ohnishi-Kameyama, H. Muramatsu, K. Murakami, Y. Tsurumi, S. Kodani, M. Yoshida, A. Fujie, K. Ochi: "Antibacterial discovery in actinomycetes strains with mutations in RNA polymerase or ribosomal protein S12", *Nat. Biotechnol.*, Vol.**27**, No.5, pp.462 〜 464 (2009)

37) W.L. Thong, K. Shin-ya, M. Nishiyama, T. Kuzuyama: "Methylbenzene-containing polyketides from a Streptomyces that spontaneously acquired rifampicin resistance: Structural elucidation and biosynthesis", *J. Nat. Prod.*, Vol.**79**, No.4, pp.857 〜 864 (2016)

38) ウェブツール AntiSMASH. https://antismash.secondarymetabolites.org（2018 年 10 月 14 日現在）

39) ウェブツール BLAST search. http://ddbj.nig.ac.jp（2018 年 10 月 14 日現在）

40) S.Y. Kim, P. Zhao, M. Igarashi, R. Sawa, T. Tomita, M. Nishiyama, T. Kuzuyama: "Cloning and heterologous expression of the cyclooctatin biosynthetic gene cluster afford a diterpene cyclase and two P450 hydroxylases", *Chem. Biol.* Vol.**16**, No.7, pp.736 〜 743 (2009)

41) A Splendid Gift from the Earth: The Origins and Impact of the Avermectins. https://www.nobelprize.org/nobel_prizes/medicine/laureates/2015/omura-lecture.pdf（2018 年 4 月 28 日現在）

42) Ivermectin: A Refection on Simplicity. https://www.nobelprize.org/nobel_prizes/medicine/laureates/2015/campbell-lecture.pdf（2018 年 4 月 28 日現在）

43) Artemisinin—A Gift from Traditional Chinese Medicine to the World. https://www.nobelprize.org/nobel_prizes/medicine/laureates/2015/tu-lecture.pdf（2018 年 4 月 28 日現在）

44) H. Ikeda, J. Ishikawa, A. Hanamoto, M. Shinose, H. Kikuchi, T. Shiba, Y. Sakaki, M. Hattori, S. Omura: "Complete genome sequence and comparative analysis of the industrial microorganism *Streptomyces avermitilis*", *Nat. Biotechnol.*, Vol.**21**, No.5, pp.526 〜 531 (2003)

(さらに学びたい方のための参考図書)
〜 天然物の単離に関して 〜
・瀬戸治男：天然物化学（バイオテクノロジー教科書シリーズ），コロナ社（2006）
・吉川雅之 編：生薬学・天然物化学（第2版），化学同人（2008）
・海老塚豊，森田博史，阿部郁朗 編：パートナー天然物化学（改訂第3版），南江堂（2016）

〜 天然物の構造決定に関して 〜
・R.M. Silverstein, F.X. Webster, D.J. Kiemle 著，岩澤伸治，豊田真司，村田滋 共訳：有機化合物のスペクトルによる同定法（第8版），東京化学同人（2016）
・M. Hesse, H. Meier, B. Zeeh 共著，野村正勝 監訳：有機化学のためのスペクトル解析法—UV, IR, NMR, MS の解説と演習（第2版），化学同人（2010）
・安藤喬志，宗宮創：これならわかる NMR—そのコンセプトと使い方，化学同人（1997）

〜 有機合成化学 〜
・森謙治：生物活性物質の化学　有機合成の考え方を学ぶ，化学同人（2002）
・森謙治："ライフサイエンスにおける有機合成"，化学と生物，Vol.**35**, pp.157〜161（1997）

[2章]
1) 淡川孝義，森貴裕，阿部郁朗："植物由来Ⅲ型ポリケタイド合成酵素の機能拡張による非天然型化合物の創製"，生物工学，Vol.**92**, pp.420〜423 (2014)
2) R. McDaniel, S. Ebert-Khosla, D.A. Hopwood, C. Khosla: "Engineered biosynthesis of novel polyketides", *Science*, Vol.**262**, pp.1546〜1557 (1993)
3) R. McDaniel, S. Ebert-Khosla, H. Fu, D.A. Hopwood, C. Khosla: "Engineered biosynthesis of novel polyketides: influence of a downstream enzyme on the catalytic specificity of a minimal aromatic polyketide synthase", *Proceedings of National Academy of Science U.S.A.*, Vol.**91**, pp.11542〜11546 (1994)
4) R. McDaniel, S. Ebert-Khosla, D.A. Hopwood, C. Khosla: "Engineered biosynthesis of novel polyketides: manipulation and analysis of an aromatic polyketide synthase with unproven catalytic specificities", *Journal of the American Chemical Society*, Vol.**115**, pp.11671〜11675 (1993)
5) 池田治生，大村智："コンビナトリアル・バイオシンセシス—ポリケチド化合物を例として—"，蛋白質核酸酵素，Vol.**43**, No.9, pp.1265〜1277 (1998)
6) R. McDaniel, C.M. Kao, S.J. Hwang, C. Khosla: "Engineered intermodular and in-

tramodular polyketide synthase fusions", *Chemistry and Biology*, Vol.**4**, pp.667 ～ 674 (1997)

7) a) S. Donadio, M.J. Staver, J.B. McAlpibe, S.J. Swanson, L. Katz: "Modular organization of genes required for complex polyketide biosynthesis", *Science*, Vol.**252**, pp.675 ～ 679 (1991)
   b) C.M. Kao, G. Luo, L. Katz, D.E. Cane, C. Khosla: *Journal of the American Chemical Society*, Vol.**117**, pp.9105 ～ 9106 (1995)

8) M.A. Fischbach, C.T. Walsh: *Chemical Review*, Vol.**106**, pp.3468 ～ 3496 (2006)

9) Y.S. Wu, S.C. Ngai, B.H. Goh, K.G. Chan, L.H. Lee, L.H. Chuah: "Anticancer activities of surfactin and potential application of nanotechnology assisted surfactin delivery". *Frontiers in Pharmacology*, Vol.**8**, No.761, doi: 10.3389/fphar.2017.00761 (2017)

10) D.W. Christianson: "Structural and chemical biology of terpenoid cyclases", *Chem. Rev.*, Vol.**117**, No.17, pp.11570～11648 (2017).

11) T. Kuzuyama, H. Seto: "Diversity of the biosynthesis of the isoprene units", *Nat. Prod. Rep.*, Vol.**20**, No.2, pp.171～183 (2003)

12) T. Kuzuyama: "Biosynthetic studies on terpenoids produced by *Streptomyces*", *J. Antibiot.*, Vol.**70**, No.7, pp.811～818 (2017)

13) Y. Matsue, H. Mizuno, T. Tomita, T. Asami, M. Nishiyama, T. Kuzuyama: "The herbicide ketoclomazone inhibits 1-deoxy-D-xylulose 5-phosphate synthase in the 2-C-methyl-D-erythritol 4-phosphate pathway and shows antibacterial activity against *Haemophilus influenzae*", *J. Antibiot.*, Vol.**63**, No.10, pp.583～588 (2010)

14) T. Kuzuyama, T. Shimizu, S. Takahashi, H. Seto: "Fosmidomycin, a specific inhibitor of 1-deoxy-D-xylulose 5-phosphate reductoisomerase in the nonmevalonate pathway for terpenoid biosynthesis", *Tetrahedron Lett.*, Vol.**39**, No.43, pp.7913～7916 (1998)

15) H. Jomaa, J. Wiesner, S. Sanderbrand, B. Altincicek, C. Weidemeyer, M. Hintz, I. Türbachova, M. Eberl, J. Zeidler, H.K. Lichtenthaler, D. Soldati, E. Beck: "Inhibitors of the nonmevalonate pathway of isoprenoid biosynthesis as antimalarial drugs", *Science*, Vol.**285**, No.5433, pp.1573～1576 (1999)

16) A. Endo, M. Kuroda, Y. Tsujita: "ML-236A, ML-236B, and ML-236C, new inhibitors of cholesterogenesis produced by Penicillium citrinium". *J. Antibiot*, Vol.**29**, No.12, pp.1346～1348 (1976)

17) 山岡正和："認定化学遺産 第039号 辻本満丸博士の先駆的偉業", 化学と工業, Vol.**70**, No.7, pp.584〜586 (2017)
18) K. Poralla, G. Muth, T. Härtner: "Hopanoids are formed during transition from substrate to aerial hyphae in *Streptomyces coelicolor* A3(2)", *FEMS Microbiol. Lett.*, Vol.**189**, No.1, pp.93〜95 (2000)
19) 田中治, 野副重男, 相見則郎, 永井正博：天然物化学（改訂第6版), 南江堂 (2002)
20) 日本生化学会 編：細胞機能と代謝マップⅠ—細胞の代謝・物質の動態—, 東京化学同人 (1997)
21) Y. Tanaka, F. Brugliera,: "Flower colour and cytochromes P450", *Philosophical Transaction of The Royal Society B*, Vol.**368**, 20120432 pp.1〜14 (2013)
22) Y. Katsumoto, M. Fukuchi-Mizutani, Y. Fukui, F. Brugliera, T.A. Holton, M. Karan, N. Nakamura, K. Yonekura-Sakakibara, J. Togami, A. Pigeaire, G-Q. Tao, N.S. Nehra, C-Y. Lu, B.K. Dyson, S. Tsuda, T. Ashikari, T. Kusumi, J.G. Mason, Y. Tanaka: "Engineering of the rose flavonoid biosynthetic pathway successfully generated blue-hued flowers accumulating delphinidin", *Plant Cell Physiology*, Vol.**48**, pp.1589〜1600 (2007)
23) N. Noda, S. Yoshioka, S. Kishimoto, M. Nakayama, M. Douzono, Y. Tanaka, R. Aida: "Generation of blue chrysanthemums by anthocyanin B-ring hydroxylation and glucosylation and its coloration mechanism", *Science Advances*, Vol.**3**, e1602785 (2017)
24) T. Nakayama, K. Yonekura-Sakakibara, T. Sato, S. Kikuchi, Y. Fukui, M. Fukuchi-Mizutani, T. Ueda, M. Nakao, Y. Tanaka, T. Kusumi, T. Nishino: "Aureusidin synthase: a polyphenol oxidase homolog responsible for flower coloration", *Science*, Vol.**290**, pp.1163〜1166 (2000)
25) American Chemical Society: "Japanese unlock mysteries of plant color", *Chemical and Engineering News*, **June 3**, p.51 (1985)
26) 近藤忠雄, 吉田久美："花の色はなぜ多彩で安定か—アントシアニンの花色発現機構—" 化学と生物, Vol.**33**, pp.91〜99 (1995).
27) 厚生労働省行政情報, 指定添加物リスト（規則別表第1）

（さらに学びたい方のための参考図書）
・瀬戸治男：天然物化学（バイオテクノロジー教科書シリーズ), コロナ社 (2006)
・海老塚豊, 森田博史, 阿部郁朗 編：パートナー天然物化学（改訂第3版), 南江堂 (2016)

・秋久俊博，小池一男 編：資源天然物化学（改訂版），共立出版（2017）

〔3章〕
1) 大西英爾，園部治之，高橋　進 編：昆虫の生化学・分子生物学，pp.12 〜 26，名古屋大学出版会（1995）
2) 高橋信孝，丸茂晋吾，大岳　望：生理活性天然物化学（第2版），pp.135 〜 216，東京大学出版会（1981）
3) 鈴木昭憲，荒井綜一 編：農芸化学の事典，朝倉書店，pp.166 〜 193（2003）
4) 園部治之，長澤寛道 編：脱皮と変態の生物学，pp.55 〜 121, 231 〜 246，東海大学出版会（2011）

（さらに学びたい方のための参考図書）
・浅見忠男，柿本辰男 編：新しい植物ホルモンの科学（第3版），講談社（2016）

〔4章〕
1) 日本抗生物質学術協議会 編：抗菌性物質医薬品ハンドブック，じほう（2000）
2) 大岳望，遠藤豊成，柿沼勝己，瀬戸治男，田中暉夫：生理活性微生物化学，共立出版（1985）
3) 大岳望：抗生物質学，養賢堂（1985）
4) 田中信夫，中村昭四郎：抗生物質大要—化学と生物活性—（第4版），東大出版会（1992）
5) 田中治，相見則郎，野副重男，永井正博：天然物化学（改訂第6版），南江堂（2002）
6) 上野芳夫，大村智，田中晴雄，土屋友房：微生物薬品化学（改訂第4版），南江堂（2003）
7) 瀬戸治男：天然物化学（バイオテクノロジー教科書シリーズ），コロナ社（2006）
8) 山村庄亮，長谷川宏司：天然物化学　植物編，アイピーシー（2007）
9) 山村庄亮,長谷川宏司,木越英夫：天然物化学　海洋生物編，アイピーシー（2007）
10) K.C. Nicolaou, T. Montagnon: Molecules that change the world, Wiley-VCH（2008）
11) AnswersNews，ニュース解説【15年度国内医薬品売上高ランキング】https://answers.ten-navi.com/pharmanews/6971（2018年11月26日現在）
12) 山岸武弘，森本繁夫：クラリス創薬物語—クラリスロマイシンの創製，研究開発から育薬まで—，化学療法の領域，医薬ジャーナル社（2015）
13) P.R. Vagelos: Values & Visions: A Merck Century 1st edition, Merck & Co（1990）
14) 山内喜美子：世界で一番売れている薬，小学館（2006）

15) A. Endo: "The discovery and development of HMG-CoA reductase inhibitors", *Journal of Lipid Research*, Vol.**33**, pp.1569 〜 1582 (1992)
16) 上原至雅：分子標的薬，日本臨床（2012）
17) 山下道雄：タクロリムス（FK506）開発物語，生物工学（2013）
18) L. Beer, B. Moore: "Biosynthetic Convergence of Salinosporamides A and B in the Marine Actinomycete *Salinispora tropica*", *Organic Leters*, Vol.**9**, p.845 (2007)
19) K. Edo, M. Mizugaki, Y. Koide, H. Seto, K. Furihata, N. Ōtake, N. Ishida: "The structure of neocarzinostatin chromophore possessing a novel bicyclo-[7,3,0]dodecadiyne system", *Tetrahedron Letters*, Vol.**26**, No.3, p.331 (1985)
20) M.D. Lee, J.K. Manning, D.R. Williams, N.A. Kuck, R.T. Testa, D.B. Borders: "Calichemicins, a novel family of antitumor antibiotics. 3. Isolation, purification and characterization of calichemicins β1Br, γ1Br, α2I, α3I, β1I, γ1I, and Δ1I", *Journal of Antibiotics*, Vol.**42**, p.1070 (1989)
21) Y. Sugiura, Y. Uesawa, Y. Takahashi, J. Kuwahara, J. Golik, T.W. Doyle: "Nucleotide-specific cleavage and minor-groove interaction of DNA with esperamicin antitumor antibiotics", *Proceedings of National Academy of Science USA*, Vol.**86**, p.7672 (1989)
22) M. Konishi, H. Ohkuma, K. Matsumoto, T. Tsuno, H. Kamei, T. Miyaki, T. Oki, H. Kawaguchi, G.D.VanDuyne, J. Clardy: "Dynemicin A, a novel antibiotic with the anthraquinone and 1,5-diyn-3-ene subunit", *Journal of Antibiot* (Tokyo), Vol.**42**, p.1449 (1989)
23) Y. Hirata, D. Uemura: "Harichondrins-antitumor polyether macrolides from a marine sponge", *Pure and Applied Chemistry*, Vol.**58**, p.701 (1986)
24) H. Ledford: "Complex synthesis yields breast-cancer therapy", *Nature*, Vol.**468**, p.608 (2010)

〔5章〕
1) 浅見忠男・柿本辰男 編：新しい植物ホルモンの科学（第3版），講談社（2016）
2) U. Hohmann, K. Lau, M. Hothorn: "Ligand perception and signal activation by receptor kinases", *Annual Review of Plant Biology*, Vol.**68** (2017)
3) B. Chow, P. McCourt: "Plant hormone receptors: perception is everything", *Gene Dev*, Vol.**20**, pp.1998 〜 2005 (2006)
4) C. Wang, Y. Liu, S.S. Li, G.Z. Han: "Insights into the origin and evolution of the plant hormone signaling machinery", *Plant Physiol*, Vol.**168**, pp.872 〜 886

(2015)
5) S.Y. Park, F.C. Peterson, A. Mosquna, J. Yao, B.F. Volkman, S.R. Cutler: "Agrochemical control of plant water use using engineered abscisic acid receptors", *Nature*, Vol.**520**, pp.545 〜 548 (2015)

（さらに学びたい方のための参考図書）
・瀬戸治男：天然物化学（バイオテクノロジー教科書シリーズ），コロナ社（2006）
・吉川雅之：生薬学・天然物化学（第2版），化学同人（2008）
・田中信夫，中村昭四郎：抗生物質大要—化学と生物活性—（第4版），東京大学出版（1992）
・海老塚豊，森田博史，阿部郁朗 編：パートナー天然物化学（改訂第3版），南江堂（2016）
・野依良治，柴崎正勝，鈴木啓介，玉尾皓平，中筋一弘，奈良坂紘一 編：大学院講義 有機化学Ⅱ 有機合成化学・生物有機化学，東京化学同人（1998）

〔6章〕
1) D.C. Swinney, J. Anthony: "How were new medicines discovered?", *Nature Reviews Drug Discovery.* Vol.**10**, pp.507 〜 519 (2011)
2) T. Kino, H. Hatanaka, M. Hashimoto, M. Nishiyama, T. Goto, M. Okuhara, M. Kohsaka, H. Aoki, H. Imanaka: "FK-506, a novel immunosuppressant isolated from a *Streptomyces*. I. Fermentation, isolation, and physico-chemical and biological characteristics", *J. Antibiot.*, Vol.**9**, pp.1249 〜 1255 (1987)
3) T. Miyazaki, Y. Pan, K. Joshi, D. Purohit, B. Hu, H. Demir, S. Mazumder, S. Okabe, T. Yamori, M.S. Viapiano, K. Shin-ya, H. Seimiya, I. Nakano: "Telomestatin impairs glioma stem cell survival and growth through the disruption of telomeric G-quadruplex and inhibition of the proto-oncogene, c-Myb", Clin, *Cancer Res.*, Vol.**18**, pp.1268 〜 1280 (2012)
4) M. Fujii, M. Shimokawa, S. Date, A. Takano, M. Matano, K. Nanki, Y. Ohta, K. Toshimitsu, Y. Nakazato, K. Kawasaki, T. Uraoka, T. Watanabe, T. Kanai, T. Sato: "A colorectal tumor organoid library demonstrates progressive loss of niche factor requirements during tumorigenesis", *Cell Stem Cell*, Vol.**18**, pp.827 〜 838 (2016)
5) S. Fields, O. Song: "A novel genetic system to detect protein-protein interactions", *Nature*, Vol.**340**, pp.245 〜 246 (1989)
6) N. Johnsson, A. Varshavsky: "Split ubiquitin as a sensor of protein interactions in

vivo", *Proc. Natl. Acad. Sci. USA*, Vol.**91**, pp.10340 ～ 10344 (1994)

7) C.D. Hu, Y. Chinenov, T.K. Kerppola: "Visualization of interactions among bZIP and Rel family proteins in living cells using bimolecular fluorescence complementation", *Mol. Cell.*, Vol.**9**, pp.789 ～ 798 (2002)

8) T. Ueyama, T. Kusakabe, S. Karasawa, T. Kawasaki, A. Shimizu, J. Son, T.L. Leto, A. Miyawaki, N. Saito: "Sequential binding of cytosolic Phox complex to phagosomes through regulated adaptor proteins: evaluation using the novel monomeric Kusabira-Green System and live imaging of phagocytosis", *J. Immunol.*, Vol.**181**, pp.629 ～ 640 (2002)

9) J. Hashimoto, T. Watanabe, T. Seki, S. Karasawa, M. Izumikawa, T. Seki, S. Iemura, T. Natsume, N. Nomura, N. Goshima, A. Miyawaki, M. Takagi, K. Shin-ya: "Novel in vitro protein fragment complementation assay applicable to high-throughput screening in a 1536-well format", *J. Biomol. Screen.*, Vol.**14**, pp.970 ～ 979 (2009)

10) S.B. Kim, A. Kanno, T. Ozawa, H. Tao, Y. Umezawa: "Nongenomic activity of ligands in the association of androgen receptor with SRC", *ACS Chem. Biol.*, Vol.**2**, pp.484 ～ 492 (2007)

11) S.B. Kim, M. Awais, M. Sato, Y. Umezawa, H. Tao: "Integrated molecule-format bioluminescent probe for visualizing androgenicity of ligands based on the intramolecular association of androgen receptor with its recognition peptide", *Anal. Chem.*, Vol.**79**, pp.1874 ～ 1880 (2007)

12) T. Watanabe, T. Seki, T. Fukano, A. Sakaue-Sawano, S. Karasawa, M. Kubota, H. Kurokawa, K. Inoue, A. Akatsuka, A. Miyawaki: "Genetic visualization of protein interactions harnessing liquid phase transitions", *Sci. Rep.*, Vol.**7**, pp.46380 (2017)

13) Y.H. Kim, S.H. Choi, C.D'Avanzo, M. Hebisch, C. Sliwinski, E. Bylykbashi, K.J. Washicosky, J.B. Klee, O. Brüstle, R.E. Tanzi, D.Y. Kim: "A 3D human neural cell culture system for modeling Alzheimer's disease", *Nat. Protoc.*, Vol.**10**, pp.985 ～ 1006 (2015)

14) S.L. Schreiber: "The small-molecule approach to biology. Chemical genetics and diversity-oriented organic synthesis make possible the systematic exploration of biology.", *Chem. Eng. News*, Vol.**81**, pp.51 ～ 61 (2003)

15) 国立遺伝学研究所遺伝子電子博物館, https://www.nig.ac.jp/museum/livingthing/16_c.html より抜粋

16) M.W. Harding, A.J. Galat, D.E. Uehling, S.L. Schreiber: "A receptor for the immu-

nosuppressant FK506 is a cis-trans peptidyl-prolyl isomerase", *Nature*, Vol.**341**, pp.758 〜 760 (1989)

17) R.F. Standaert, A. Galat, G.L. Verdine, S.L. Schreiber: "Molecular cloning and overexpression of the human FK506-binding protein FKBP", *Nature*, Vol.**346**, pp.671 〜 674 (1990)

18) E.J. Brown, M.W. Albers, T.B. Shin, K. Ichikawa, C.T. Keith, W.S. Lane, S.L. Schreiber: A mammalian protein targeted by G1-arresting rapamycin–receptor complex, *Nature*, Vol.**369**, pp.756 〜 758 (1994)

19) D.M. Sabatini, H. Erdjument-Bromage, M. Lui, P. Tempst, S.H. Snyder: "RAFT1: A mammalian protein that binds to FKBP12 in a rapamycin-dependent fashion and is homologous to yeast TORs", *Cell*, Vol.**78**, pp.35 〜 43 (1994)

20) S.C. Johnson, P.S. Rabinovitch, M. Kaeberlein: "mTOR is a key modulator of ageing and age-related disease", *Nature*, Vol.**493**, pp.338 〜 345 (2013)

21) J. Taunton, C.A. Hassig, S.L. Schreiber: "A mammalian histone deacetylase related to the yeast transcriptional regulator Rpd3p", *Science*, Vol.**272**, pp.408 〜 11 (1996)

22) D. Kaida, H. Motoyoshi, E. Tashiro, T. Nojima, M. Hagiwara, K. Ishigami, H. Watanabe, T. Kitahara, T. Yoshida, H. Nakajima, T. Tani, S. Horinouchi, M. Yoshida: "Spliceostatin A targets SF3b and inhibits both splicing and nuclear retention of pre-mRNA", *Nat. Chem. Biol.*, Vol.**3**, pp.576 〜 583 (2007)

23) Y. Kotake, K. Sagane, T. Owa, Y. Mimori-Kiyosue, H. Shimizu, M. Uesugi, Y. Ishihama, M. Iwata, Y. Mizui: "Splicing factor SF3b as a target of the antitumor natural product pladienolide", *Nat. Chem. Biol.*, Vol.**3**, pp.570 〜 575 (2007)

24) J.S. Piotrowski, S.C. Li, R. Deshpande R, W.W. Simpkins, J. Nelson, Y. Yashiroda, J.M. Barber, H. Safizadeh, E. Wilson, H. Okada, A.A. Gebre, K. Kubo, N.P. Torres, M.A. LeBlanc, K. Andrusiak, R. Okamoto, M. Yoshimura, E. DeRango-Adem, J. van Leeuwen, K. Shirahige, A. Baryshnikova, G.W. Brown, H. Hirano, M. Costanzo, B. Andrews, Y. Ohya, H. Osada, M. Yoshida, C.L. Myers, C. Boone: "Functional annotation of chemical libraries across diverse biological processes", *Nat. Chem. Biol.*, Vol.**13**, pp.982 〜 993 (2017)

25) D.A. Williams, K.E. Fogarty, R.Y. Tsien, F.S. Fay: "Calcium gradients in single smooth muscle cells revealed by the digital imaging microscope using Fura-2", *Nature*, Vol.**318**, pp.558 〜 561 (1985)

26) S. Wakayama, S. Kiyonaka, I. Arai, W. Kakegawa, S. Matsuda, K. Ibata, Y.L. Nemo-

to, A. Kusumi, M. Yuzaki, I. Hamachi: "Chemical labelling for visualizing native AMPA receptors in live neurons", *Nat. Commun.*, Vol.**8**, p.14850 (2017)

27) D.M. Spencer, T.J. Wandless, S.L. Schreiber, G.R. Crabtree: "Controlling signal transduction with synthetic ligands", *Science*, Vol.**262**, pp.1019 〜 1024 (1993)

28) M.N. Pruschy, D.M. Spencer, T.M. Kapoor, H. Miyake, G.R. Crabtree, S.L. Schreiber: "Mechanistic studies of a signaling pathway activated by the organic dimerizer FK1012", *Chem. Biol.*, Vol.**1**, pp.163 〜 172 (1994)

29) A. Fegan, B. White, J.C. Carlson, C.R. Wagner; "Chemically controlled protein assembly: techniques and applications", *Chemical Reviews*, Vol.**110**, pp.3315 〜 3336 (2010)

索引

【あ】

アクチノマイシン　140
アクチノマイシンD　160
アドリアマイシン　139
アドレナリン　79
アブシシン酸　74, 103
アミノグリコシド系
　　抗生物質　155
アンサマイシン系抗生物質
　　　135
アンチパイン　144
アントシアニジン　83
アントシアニン　89
アントシアン　83
アンフォテリシンB
　　　135, 154

【い】

イオン交換クロマト
　グラフィー　6
異種発現　31, 33
イソプレン則　56
イソプレンユニット　56
イソペンテニル二リン酸
　　　32
一次元NMR　6
一次代謝産物　1, 18
遺伝子クラスター　30, 31
遺伝子破壊　31, 34
イベルメクチン　35, 139
イマチニブ　144
イメージアナライザー　28
イリノテカン　162

【う, え, お】

ウベニメクス　143
エクジソン　117

エクジソン受容体　122
エスペラミシン　146
エトポシド　161
エバーメクチン　35, 138
エピルビシン　139
エポチロン　141
エリスロマイシン
　　　52, 134, 156
エリブリン　164
オリザリン　13
オルガノイド　28

【か】

改良Mosher法　12
化学酵素合成　29
化学誘導二量体形成法
　　　191
核オーバーハウザー効果
　　　10
核酸合成阻害　130
核磁気共鳴分光法　6
核内受容体　121
カスタステロン　106
カナマイシン　155
カリケアミシン　146
カロテノイド　54, 74
カロテン　74
環化反応　64

【き】

キサントフィル　74
キナーゼ結合型受容体
　　　120
キナーゼ阻害剤　144
キノリン　136
キノロン　136
ギムノシンB　15
吸着クロマトグラフィー　5

協奏的環化反応　70

【く】

グラム陰性菌　131
グラム陽性菌　131
クラリスロマイシン　134
グリコペプチド系抗生物質
　　　137
クリックケミストリー　16
グリホサート　142
クロラムフェニコール
　　　137, 157
クロラムフェニコール系
　　抗生物質　157

【け】

警報フェロモン　125
ゲノムマイニング　30
ゲフィチニブ　144
ケミカルジェネティクス
　　　185, 193
ケミカルバイオロジー
　　　1, 2, 185, 193
ゲラニルゲラニル二リン酸
　　　32
ケルセチン　86
ゲルダナマイシン　135
元素分析　8
ゲンタマイシン　155
ケンフェロール　87

【こ】

効果器　120
抗菌試験　25
交信攪乱法　127
合　成　2
抗生物質　29, 129
構造決定　1

【さ】

コリスチン	153
サイズ排除クロマトグラフィー	6
細胞毒性試験	25
細胞壁合成阻害	129
サルファ剤	158

【し】

紫外可視分光法	8
シクロオクタチン	32
シクロスポリン A	145
シクロヘキサミド	137
質量分析	8
ジテルペン	59
シトクロム P450	33
ジベレリン	55
脂肪酸生合成機構	38
ジメチルアリル二リン酸	32
集合フェロモン	125
修飾反応	67
脂溶性のホルモン	111
植物エクジソン	119

【す】

スクアレン	59, 70
スクリーニング	21
スクリーニング法	175
スタチン	61
ストレプトマイシン	132, 155

【せ, そ】

生合成遺伝子の決定	2
生合成マシナリー	29
性フェロモン	123
赤外分光法	7
セサミン	80
セスキテルペン	59
セスタテルペン	59
絶対立体配置の決定	11, 14
セファロスポリン	132
セファロスポリン C	152

前胸腺刺激ホルモン	112
相対立体配置の決定	9

【た】

ダイネミシン	146
大量誘殺法	127
ダウノルビシン	163
タクロリムス	2, 145, 187
脱皮ホルモン	112
タンパク質合成阻害	129
単離	1

【て】

テトラサイクリン	155
テトラサイクリン系抗生物質	136, 155
テトラテルペン	59, 74
テルペノイド	54
テルペン環化酵素	33
天然物ライブラリー	25, 178

【と】

ドキソルビシン	139, 163
ドセタキセル	165
トポイソメラーゼ I	162
トポイソメラーゼ II	162, 163
トポテカン	162
トラベクテジン	146
トリテルペン	59
トリメトプリム	158

【な】

ナイスタチン	154
ナリンギン	88
ナリンゲニン	88

【に, ね, の】

二次元 NMR	7
二次代謝物	1, 19
二分子蛍光補完法	181
ニューキノロン系	157
ネオカルジノスタチン	146, 161
ネオリグナン	81

ノルアドレナリン	79

【は】

ハイスループットスクリーニング	24
パクリタキセル	165
バンコマイシン	137, 153

【ひ】

ビアラフォス	142
必須アミノ酸	19
非必須アミノ酸	19
表現型スクリーニング	28, 176, 183, 184
標的ベーススクリーニング	176, 184
非リボソーム型ペプチド	50
ビンクリスチン	163
ビンデシン	163
ビンブラスチン	163

【ふ】

ファーストインクラス薬剤	175
フィトエン	59
フェロモン	123
フェロモン結合タンパク質	126
フェロモン受容体	127
フェロモンの利用	127
フォワードケミカルジェネティクス	186
フォワードジェネティクス	186
ブラシノステロイド	74, 106, 110
ブラストサイジン S	142
ブレオマイシン	140, 159
プレニル基縮合反応	64
プレニル基転移反応	64
フレミング	130
プロテアーゼ阻害剤	143
プロトン付加	66
分配クロマトグラフィー	5

【へ】

ベスタチン　143
ペニシリン　130, 151
ペプチダーゼ阻害剤　143
ペプチド性のホルモン　111
ベルゲニン　82
変異受容体遺伝子　173

【ほ】

ホスホマイシン　152
ポドフィロトキシン　80, 161
ポリエーテル系抗生物質　137
ポリエン系抗生物質　154
ポリエンマクロライド抗生物質　135
ポリオキシン　142
ポリケチド　38
ポリケチド合成酵素　42
ポリケチド生合成機構　40
ポリセオナミド　20
ポリペプチド系抗生物質　153
ポリミキシンB　153

【ま, み】

マイトマイシンC　140, 159
マクロライド系抗生物質　134, 155
ミカファンギン　137
ミノサイクリン　136
未利用遺伝子資源　30
ミルディオマイシン　142

【め, も】

メチシリン耐性黄色ブドウ球菌　152
メチルエリスリトールリン酸　59
メバスタチン　143
メバロン酸　59
免疫抑制剤　144
モニタリング　127
モノテルペン　59

【ゆ, よ】

ユビキノン　55
幼若ホルモン　55, 112, 116

ボンビコール　123

【ら, り】

ラパマイシン　189
リグナン　80
リバースケミカルジェネティクス　186
リバースジェネティクス　186
リファマイシン　157
リファンピシン　135, 157
リンコマイシン　157
リンコマイシン系抗生物質　157
リン脂質　55

【る, れ, ろ】

ルシフェラーゼ発光補完法　182
ルチン　86
励起子キラリティー法　11
レポーターアッセイ　26
ロイコマイシン　156
ロバスタチン　143

【わ】

ワクスマン　130

【B】

Bijvoet 法　11

【F】

Fura-2　191

【G】

GPCR　120
GTP 結合タンパク質共役型受容体　120
G タンパク質　120

【H】

HMG-CoA 還元酵素阻害剤　143

【I】

IGR　122
in vitro アッセイ法　25
in vivo アッセイ法　25
IR 分光法　7

【M】

MEP　59
MRSA　152

【N】

NMR 分光法　6
NOE　10
NRP（s）　50

【P】

PTTH　112

【U】

UV-Vis 分光法　8

【X】

X 線構造解析　9

【ギリシャ文字】

α-ケトグルタル酸　19
β-ラクタム系抗生物質　150
¹H NMR の結合定数に基づく決定法　9

―― 編著者略歴 ――

1972 年	東北大学農学部農芸化学科卒業
1979 年	東北大学大学院博士後期課程修了（農芸化学専攻），農学博士
1980 年	理化学研究所研究員
1983 年	米国モンタナ州立大学博士研究員兼職（1985 年まで）
1991 年	理化学研究所副主任研究員
1996 年	東京理科大学助教授
2000 年	東京理科大学教授
2016 年	東京理科大学定年退職
2016 年	アクティブ株式会社バイオ研究所副所長
2017 年	株式会社 MT3 顧問 現在に至る
2017 年	東京理科大学名誉教授

天然物化学
Natural Products Chemistry Ⓒ Fumio Sugawara, Tadao Asami, Tomohisa Kuzuyama,
Kouji Kuramochi, Kazuo Shin-ya, Shinji Nagata 2019

2019 年 1 月 21 日　初版第 1 刷発行　　　　　　　　　　　　　　　★

検印省略	編 著 者	菅（すが）原（はら）　文（ふみ）男（お） 浅（あさ）見（み）　忠（ただ）男（お） 葛（くず）山（やま）　智（とも）久（ひさ）司（し） 倉（くら）持（もち）　幸（こう）男（お） 新（しん）家（や）　一（かず）治（じ） 永（なが）田（た）　晋（しん）
	発 行 者	株式会社　コ ロ ナ 社 代 表 者　牛来真也
	印 刷 所	壮光舎印刷株式会社
	製 本 所	株式会社　グリーン

112-0011　東京都文京区千石 4-46-10
発 行 所　株式会社 コ ロ ナ 社
CORONA PUBLISHING CO., LTD.
Tokyo Japan
振替00140-8-14844・電話(03)3941-3131(代)
ホームページ　http://www.coronasha.co.jp

ISBN 978-4-339-06758-3　　C3043　　Printed in Japan　　　　　　　　　（柏原）

〈出版者著作権管理機構 委託出版物〉
本書の無断複製は著作権法上での例外を除き禁じられています．複製される場合は，そのつど事前に，
出版者著作権管理機構（電話 03-5244-5088，FAX 03-5244-5089，e-mail: info@jcopy.or.jp）の許諾を
得てください．

本書のコピー，スキャン，デジタル化等の無断複製・転載は著作権法上での例外を除き禁じられています．
購入者以外の第三者による本書の電子データ化および電子書籍化は，いかなる場合も認めていません．
落丁・乱丁はお取替えいたします．

生物工学ハンドブック

日本生物工学会 編
B5判／866頁／本体28,000円／上製・箱入り

■ 編集委員長　塩谷　捨明
■ 編集委員　　五十嵐泰夫・加藤　滋雄・小林　達彦・佐藤　和夫
　（五十音順）　澤田　秀和・清水　和幸・関　　達治・田谷　正仁
　　　　　　　　土戸　哲明・長棟　輝行・原島　　俊・福井　希一

> 21世紀のバイオテクノロジーは，地球環境，食糧，エネルギーなど人類生存のための問題を解決し，持続発展可能な循環型社会を築き上げていくキーテクノロジーである．本ハンドブックでは，バイオテクノロジーに携わる学生から実務者までが，幅広い知識を得られるよう，豊富な図と最新のデータを用いてわかりやすく解説した．

主要目次

I編：生物工学の基盤技術　生物資源・分類・保存／育種技術／プロテインエンジニアリング／機器分析法・計測技術／バイオ情報技術／発酵生産・代謝制御／培養工学／分離精製技術／殺菌・保存技術

II編：生物工学技術の実際　醸造製品／食品／薬品・化学品／環境にかかわる生物工学／生産管理技術

本書の特長

◆ 学会創立時からの，醸造学・発酵学を基礎とした醸造製品生産工学大系はもちろん，微生物から動植物の対象生物，醸造飲料・食品から医薬品・生体医用材料などの対象製品，遺伝学から生物化学工学などの各方法論に関する幅広い展開と広大な対象分野を網羅した．

◆ 生物工学のいずれかの分野を専門とする学生から実務者までが，生物工学の別の分野（非専門分野）の知識を修得できる実用書となっている．

◆ 基本事項を明確に記述することにより，長年の使用に耐えられるようにし，各々の研究室等における必携の書とした．

◆ 第一線で活躍している約240名の著者が，それぞれの分野の研究・開発内容を豊富な図や重要かつ最新のデータにより正確な理解ができるよう解説した．

定価は本体価格+税です．
定価は変更されることがありますのでご了承下さい．

図書目録進呈◆

新コロナシリーズ

(各巻B6判，欠番は品切です)

			頁	本体
2.	ギャンブルの数学	木下栄蔵著	174	1165円
3.	音戯話	山下充康著	122	1000円
4.	ケーブルの中の雷	速水敏幸著	180	1165円
5.	自然の中の電気と磁気	高木相著	172	1165円
6.	おもしろセンサ	國岡昭夫著	116	1000円
7.	コロナ現象	室岡義廣著	180	1165円
8.	コンピュータ犯罪のからくり	菅野文友著	144	1165円
9.	雷の科学	饗庭貢著	168	1200円
10.	切手で見るテレコミュニケーション史	山田康二著	166	1165円
11.	エントロピーの科学	細野敏夫著	188	1200円
12.	計測の進歩とハイテク	高田誠二著	162	1165円
13.	電波で巡る国ぐに	久保田博南著	134	1000円
14.	膜とは何か ―いろいろな膜のはたらき―	大矢晴彦著	140	1000円
15.	安全の目盛	平野敏右編	140	1165円
16.	やわらかな機械	木下源一郎著	186	1165円
17.	切手で見る輸血と献血	河瀬正晴著	170	1165円
19.	温度とは何か ―測定の基準と問題点―	櫻井弘久著	128	1000円
20.	世界を聴こう ―短波放送の楽しみ方―	赤林隆仁著	128	1000円
21.	宇宙からの交響楽 ―超高層プラズマ波動―	早川正士著	174	1165円
22.	やさしく語る放射線	菅野・関 共著	140	1165円
23.	おもしろ力学 ―ビー玉遊びから地球脱出まで―	橋本英文著	164	1200円
24.	絵に秘める暗号の科学	松井甲子雄著	138	1165円
25.	脳波と夢	石山陽事著	148	1165円
26.	情報化社会と映像	樋渡涓二著	152	1165円
27.	ヒューマンインタフェースと画像処理	鳥脇純一郎著	180	1165円
28.	叩いて超音波で見る ―非線形効果を利用した計測―	佐藤拓宋著	110	1000円
29.	香りをたずねて	廣瀬清一著	158	1200円
30.	新しい植物をつくる ―植物バイオテクノロジーの世界―	山川祥秀著	152	1165円
31.	磁石の世界	加藤哲男著	164	1200円

			頁	本体
32.	体を測る	木村雄治著	134	1165円
33.	洗剤と洗浄の科学	中西茂子著	208	1400円
34.	電気の不思議 ―エレクトロニクスへの招待―	仙石正和編著	178	1200円
35.	試作への挑戦	石田正明著	142	1165円
36.	地球環境科学 ―滅びゆくわれらの母体―	今木清康著	186	1165円
37.	ニューエイジサイエンス入門 ―テレパシー，透視，予知などの超自然現象へのアプローチ―	窪田啓次郎著	152	1165円
38.	科学技術の発展と人のこころ	中村孔治著	172	1165円
39.	体を治す	木村雄治著	158	1200円
40.	夢を追う技術者・技術士	CEネットワーク編	170	1200円
41.	冬季雷の科学	道本光一郎著	130	1000円
42.	ほんとに動くおもちゃの工作	加藤孜著	156	1200円
43.	磁石と生き物 ―からだを磁石で診断・治療する―	保坂栄弘著	160	1200円
44.	音の生態学 ―音と人間のかかわり―	岩宮眞一郎著	156	1200円
45.	リサイクル社会とシンプルライフ	阿部絢子著	160	1200円
46.	廃棄物とのつきあい方	鹿園直建著	156	1200円
47.	電波の宇宙	前田耕一郎著	160	1200円
48.	住まいと環境の照明デザイン	饗庭貢著	174	1200円
49.	ネコと遺伝学	仁川純一著	140	1200円
50.	心を癒す園芸療法	日本園芸療法士協会編	170	1200円
51.	温泉学入門 ―温泉への誘い―	日本温泉科学会編	144	1200円
52.	摩擦への挑戦 ―新幹線からハードディスクまで―	日本トライボロジー学会編	176	1200円
53.	気象予報入門	道本光一郎著	118	1000円
54.	続 もの作り不思議百科 ―ミリ，マイクロ，ナノの世界―	JSTP編	160	1200円
55.	人のことば，機械のことば ―プロトコルとインタフェース―	石山文彦著	118	1000円
56.	磁石のふしぎ	茂吉・早川共著	112	1000円
57.	摩擦との闘い ―家電の中の厳しき世界―	日本トライボロジー学会編	136	1200円
58.	製品開発の心と技 ―設計者をめざす若者へ―	安達瑛二著	176	1200円
59.	先端医療を支える工学 ―生体医工学への誘い―	日本生体医工学会編	168	1200円
60.	ハイテクと仮想の世界を生きぬくために	齋藤正男著	144	1200円
61.	未来を拓く宇宙展開構造物 ―伸ばす，広げる，膨らませる―	角田博明著	176	1200円
62.	科学技術の発展とエネルギーの利用	新宮原正三著	154	1200円
63.	微生物パワーで環境汚染に挑戦する	椎葉究著	144	1200円

定価は本体価格+税です。
定価は変更されることがありますのでご了承下さい。

バイオテクノロジー教科書シリーズ

(各巻A5判)

■編集委員長　太田隆久
■編集委員　相澤益男・田中渥夫・別府輝彦

配本順		著者	頁	本体
1. (16回)	生命工学概論	太田隆久 著	232	3500円
2. (12回)	遺伝子工学概論	魚住武司 著	206	2800円
3. (5回)	細胞工学概論	菅村浩・上原卓紀也 共著	228	2900円
4. (9回)	植物工学概論	森入弘・川船浩道平 共著	176	2400円
5. (10回)	分子遺伝学概論	高橋秀夫 著	250	3200円
6. (2回)	免疫学概論	野本亀久雄 著	284	3500円
7. (1回)	応用微生物学	谷吉樹 著	216	2700円
8. (8回)	酵素工学概論	田松中野渥隆夫二 共著	222	3000円
9. (7回)	蛋白質工学概論	渡辺公・小島修綱二 共著	228	3200円
10.	生命情報工学概論	相澤益男 他著		
11. (6回)	バイオテクノロジーのためのコンピュータ入門	中村春木・中井謙太 共著	302	3800円
12. (13回)	生体機能材料学 — 人工臓器・組織工学・再生医療の基礎 —	赤池敏宏 著	186	2600円
13. (11回)	培養工学	吉田敏臣 著	224	3000円
14. (3回)	バイオセパレーション	古崎新太郎 著	184	2300円
15. (4回)	バイオミメティクス概論	黒田裕久・西谷孝子 共著	220	3000円
16. (15回)	応用酵素学概論	喜多恵子 著	192	3000円
17. (14回)	天然物化学	瀬戸治男 著	188	2800円

定価は本体価格+税です。
定価は変更されることがありますのでご了承下さい。

図書目録進呈◆